火星大揭秘

焦维新◎著

北京理工大学出版社
BEIJING INSTITUTE OF TECHNOLOGY PRESS

《火星大揭秘》AR互动使用说明

1. 扫描二维码，下载安装"4D 书城"APP；

2. 打开"4D书城"APP，点击菜单栏中间扫码按钮
   ，再次扫描二维码下载本书；

3. 在"书架"上找到本书并打开，对准本书带有
   页面画面扫一扫，就可以看到神秘的火星了！

前　言

　　2012 年 6 月，我出版了一本名为《探索红色星球》的科普书，该书曾被列入"三个一百原创图书出版工程"。8 年过去了，人类发射了一些新的探测器，火星探测取得了许多新进展，同时，也陆续公布了以往探测器获得的信息。另外，2020 年是火星探索年，有 3 个国家和地区将发射新的探测器，掀起火星探测的新高潮。美国航空航天局也多次发布文件，确定未来的深空探测发展目标是开展载人火星探测。面对火星探测的新局面，《探索红色星球》这本书的内容显然不能适应人们了解火星知识的需要。于是，我决定出版一本新书《火星大揭秘》。

　　在创作《火星大揭秘》的过程中，我努力在以下几方面下功夫。

　　新颖性。文字材料和图片主要取自近年来美国和欧洲空间局火星探测的新成果。所选的图片都是高分辨率的，并经过作者用专业软件仔细加工。对于火星探测，不仅概述了整体情况，还具体介绍了具有典型意义的几颗探测器；详细地分析了火星探测每 26 个月一次机遇的物理背景。

　　系统性。涉及火星鲜明的全球特征，多彩的局地风貌；极端恶劣的空间环境，引人注目的水和生命问题；火星探测面对的技术挑战；2020 年的火星大聚会，各国的探测器具有哪些特点；深入地分析了未来的取样返回与载人火星探测的必要性、意义和当前需要攻克的关键技术。从某种意义上来说，本书可以说是了解火星的小百科全书。

图文并茂。图片内容极其丰富，全书300页，其中有300多幅插图。关于火星全球的图片场面恢宏，局地风貌则富有艺术性。看着这些图，好像是在欣赏火星地质博物馆。所选插图反映了火星的方方面面，因此，本书也可以说是关于火星知识的图集。

尽量做到语言生动。无论是章节的题目，还是图形的介绍，都充满诗意。对重要的火星图片或者典型探测器图片，配备了作者自己创作的诗，目的是增加趣味性和对图片内涵的深入了解。如在介绍火星整体特征时，配备的诗是：

> 山高入云刺破天，峡谷绵延整八千。
> 北部低洼似大海，南部高原有深潭。

在介绍火星局地风貌时，涉及一个位于极区的科罗廖夫陨击坑，这个陨击坑中包含约2 200立方千米晶莹透彻的水冰，我给这幅图片配的诗是：

> 晶莹白玉盛满盆，翡翠镶边更喜人。
> 神秘火星有瑰宝，常有珍稀待你寻。

全书共有100多首诗，部分是教学过程中创作的，绝大多数是专为本书创作的。

全书共分八章。前四章是从多角度介绍人类探测火星取得的成果，包括全球四大特征、变幻莫测的极区、五彩缤纷的沙丘、纵横交错的古河道、具有艺术特征的分层结构；火星最令人关注的水和生命问题。

第五章介绍火星探测，人类为什么那样关注火星探测，探测火星需要攻破哪些技术难关，什么因素决定着火星探测器发射的机会；着陆火星过程为什么称为"魔鬼7分钟"。

这些问题都是探测火星比较关注的问题。

第六章介绍有代表性的火星探测器，包括首开先河的美国水手4号；获得多项重要发现的欧洲火星快车；设计寿命3个月、实际运行15年的"老寿星"机遇号火星车；细致观测火星，使人类深入了解火星的"火星勘察轨道器"等。

第七章介绍2020火星大聚会。为什么在2020年开展火星探测？为什么有3个国家和地区同时开展火星探测？火星大聚会的热点问题是什么？中国首次火星探测有什么特点？

近些年来，多任美国总统都主张开展载人火星探测，大众文化也大力宣传关于人类登陆火星的科幻片。因此人们更加关注载人探测火星问题。载人探测火星的必要性和意义是什么？人类登陆火星存在哪些技术困难？如何克服这些困难？近期需要做哪些技术准备，特别是怎样实现取样返回探测。这是本书第八章要向读者介绍的主要问题。

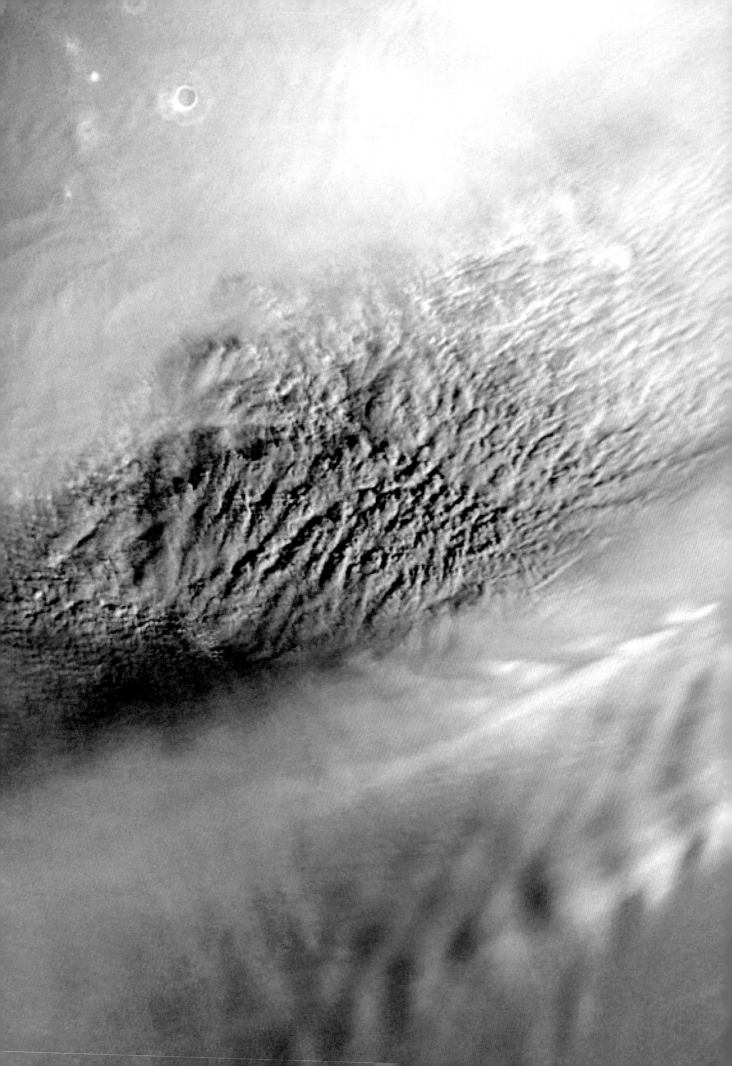

目录
CONTENTS
火星大揭秘

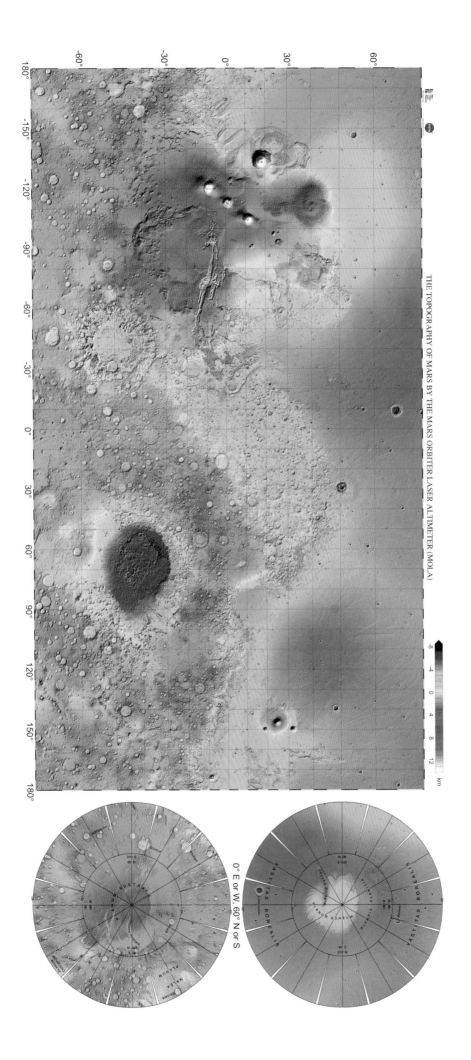

THE TOPOGRAPHY OF MARS BY THE MARS ORBITER LASER ALTIMETER (MOLA)

0° E or W, 60° N or S

第一章

鲜明的全球特征

（a）

我们认识一颗天体，一般都是从了解它的总体特征入手。那我们就先欣赏两幅火星图片，看看火星到底长得什么模样吧。

（b）

火星的两个半球

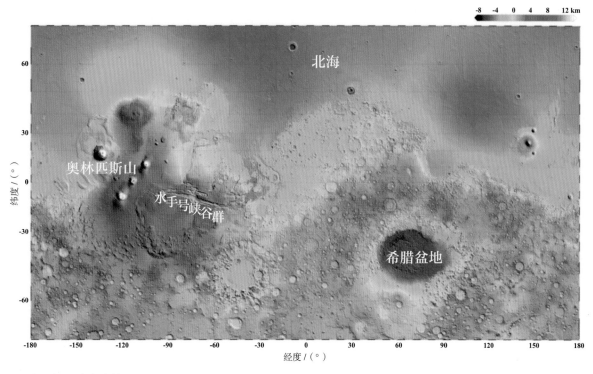

火星的四个突出特征

从这两幅鲜艳的图片中，可以看出火星整体的特征：北半球低洼，南半球地势高；西半球有一片巨大的高地，其中有 5 座高山；东半球有一个巨大的凹陷。东西南北都存在巨大的差异，我们可将这些特征用一首诗概括：

山高入云刺破天，峡谷绵延整八千。
北部低洼似大海，南部高原有深潭。

下面我们就围绕这首诗展开，看看山到底有多宏伟、峡谷有多壮观，"北海"的概念是不是虚构的，南部高原的深潭到底有多大、多深。

第一节　西方耸立五大名山

火星西半球的高地称为塔尔西斯突出部，坐落于火星赤道附近、水手号峡谷群（Valles Marineris）的西边，是一个高 9 千米、宽 3 000 千米的广大火山高原。由中心往外围高度和缓降低，形似圆顶，不同年代的熔岩流层层广布在高原上，亦有很多槽沟由中心向外围放射状延伸，其中一道则裂成巨大的峡谷系统。高原上有多座火山，其中有 5 座甚为巨大。阿尔巴山（Alba Mons）位于塔尔西斯突出部北部，是一座巨大的盾状火山，位于北纬 40.47°，东经 250.4°，高于火星基准面 6 770 米，破火山口宽 136 千米。山坡一路延伸数百千米至北方平原，不像其他火山有明显的分界。阿尔巴山周围有很多南北向槽沟。塔尔西斯山脉（Tharsis Montes）则指 5 座大火山中的以下 3 座：阿斯克劳山高于火星基准面 18 225 米，宽 460 千米，是火星上巨大的盾状火山，是塔尔西斯 3 座火山的最北座。孔雀山（Pavonis Mons），高于火星基准面 14 058 米，是塔尔西斯 3 座火山的中央那座，位于火星赤道上。阿尔西亚山位于南纬 8.3°，东经 238.9°，高于火星基准面 17 781 米，比周围高 10 千米，宽 475 千米，破火山口宽 110 千米。阿尔西亚山的破火山口是火星最大的，是底下岩浆库耗尽、失去支撑下陷而形成的，并形成周围的断层。山坡的东北东侧、西南西侧可见复杂的下陷构造，而同方向亦可见大量堆积的熔岩。

塔尔西斯突出部西部有一座高山，名为奥林波斯山，是火星上的盾状火山，其直径约 624 千米，高于火星基准面 21 287 米，是太阳系行星中已知的第一高山。奥林匹斯山最令人费解的特征是那个巨大的悬崖，高达 8 千米，环绕在奥林匹斯山底部。

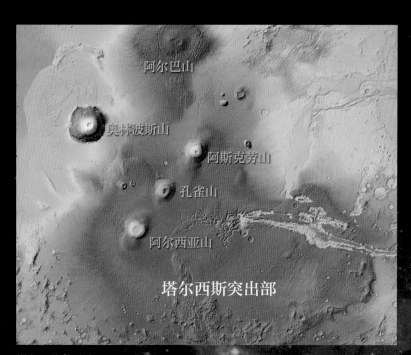

阿尔巴山

奥林波斯山

阿斯克劳山

孔雀山

阿尔西亚山

塔尔西斯突出部

塔尔西斯突出部

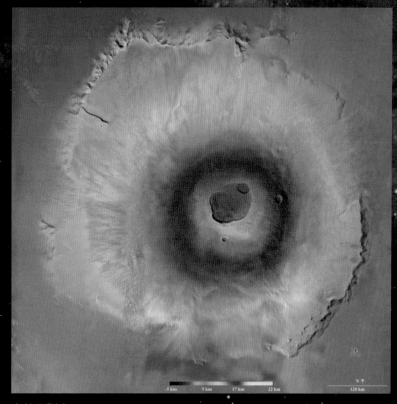

奥林匹斯山

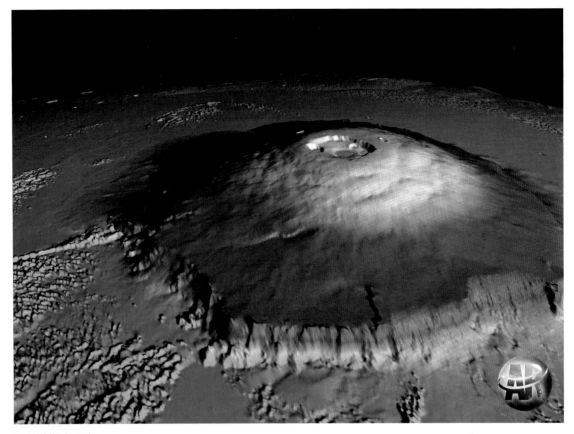

奥林波斯山悬崖

行星世界第一峰，高大挺拔入苍穹。

陡峭悬崖八千米，峰顶竟是一巨坑。

第二节　横跨火星峡谷奇观

水手号峡谷群命名来自美国水手9号火星探测器，是火星最大的峡谷，也是太阳系最大最长的峡谷之一。水手号峡谷群位于塔尔西斯突出部的东侧，长度超过 4 000 千米，宽约 200 千米，最深处 7 千米，形成一个复杂的峡谷系统。目前基本观点认为，这个大峡谷是火星地壳拉张陷落形成的，可与地球的东非大裂谷相比较。

水手号峡谷群在火星的位置

一条宽阔深沟，横跨红色星球；
要把火星劈断，谁人下此毒手？

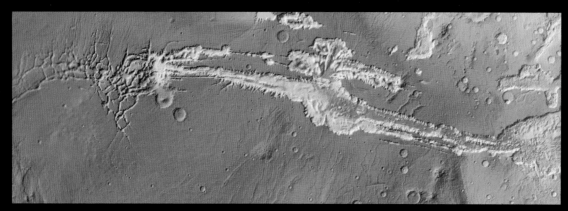

水手号峡谷群全貌

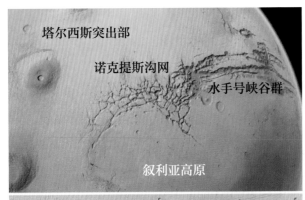

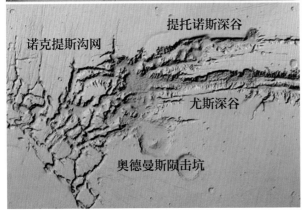

诺克提斯沟网的位置和形状

斯迷宫。既然称为迷宫，诺克提斯沟网一定有非常复杂的结构。确实是这样，该区域因为其形态类似迷宫的深而边缘陡峭而闻名，长度约1 263千米。该区域的这些山谷和峡谷由断层作用造成，并且有许多区域显示出地堑的特征，山谷底部沟渠纵横交错，地块奇形怪状，来到这里，真可谓进入了迷宫。

> 上帝布下迷宫，宽阔奇异恢宏；
> 沟渠纵横交错，坑壁陡峭闻名。

水手号峡谷群绵延了近1/4的火星周长，如此巨大的地质结构，仅凭一张图是不可能看清楚的。设想我们现在开始畅游水手号峡谷群，并把水手号峡谷群分成5个区，详细了解这个太阳系奇观的恢宏。这5个区由西向东依次是诺克提斯沟网区、尤斯深谷（Ius Chasma）和提托诺斯深谷（Tithonium Chasma）区、梅拉斯深谷（Melas Chasma）、坎多尔深谷（Candor Chasma）和俄斐深谷（Ophir Chasma）区、科普莱特斯深谷（Coprates Chasma）区、厄俄斯深谷（Eos Chasma）和恒河深谷（Ganges Chasma）区。

第一区是诺克提斯沟网，也称诺克提

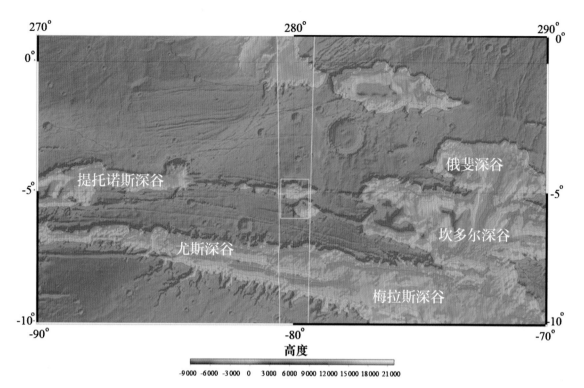

水手号峡谷群的 5 个区

诺克提斯沟网的地形

第二区是尤斯深谷和提托诺斯深谷。奥德曼斯陨击坑（Oudemans crater）以东是互相平行的尤斯深谷和提托诺斯深谷。尤斯深谷在南方，提托诺斯深谷在北方。尤斯深谷较宽，长度约938千米，东端和梅拉斯深谷连接。尤斯深谷底部主要由山崩滑动的物质组成，这些物质是几乎未受过撞击或侵蚀影响的原始物质，结构多为束状，且相互覆盖。提托诺斯深谷约810千米长。

2001火星奥德赛拍摄的坎多尔深谷

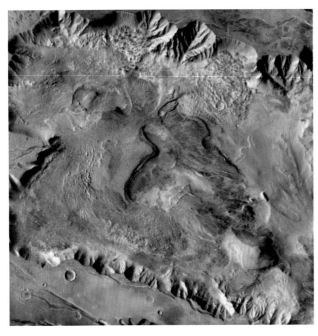

坎多尔深谷岩石构成
较坚硬和多岩石的沉积物呈暖红色，而较松散、沙质较多和多尘埃的地区呈绿色和蓝色

第三区是3个平行的峡谷，自南向北分别是梅拉斯深谷、坎多尔深谷和俄斐深谷。梅拉斯深谷在尤斯深谷东方，坎多尔深谷在提托诺斯深谷东方，长度约773千米。俄斐深谷长约317千米，呈椭圆形，并流入坎多尔深谷。这3个峡谷是相连的。梅拉斯深谷长547千米，是水手号峡谷群最宽的一部分，底部有70%较年轻的物质，被认为是由风夹带的火山灰落在风积地形造成的。这一区域也包含了自峡谷断崖侵蚀的粗糙物质。梅拉斯深

谷的中间高程比其他区域高，这可能是峡谷谷底其他区域物质落到中央的缘故。梅拉斯深谷周围是大量的崩积物质，就像尤斯深谷和提托诺斯深谷的情形。梅拉斯深谷也是水手号峡谷群最深的部分，比周围的表面低 9 千米，从这里开始，它的外流浚道（Outflow Channels）坡度是向北方大平原 0.03° 向上，如果将梅拉斯深谷以流体注满，这些流体在流入北方大平原以前会先形成一个最深 1 千米的湖。

2001 火星奥德赛拍摄的梅拉斯深谷

火星快车拍摄的梅拉斯深谷

在坎多尔深谷和梅拉斯深谷之间的峡谷系统呈槽状的底部物质，被认为是冲积层沉积物或因为水或冰消失造成崩溃的崩积物质。部分只能由撞击坑分布判定年老或年轻的底部物质来自火山碎屑岩。少量尖塔状物质与峡谷峭壁一样由不分层的物质组成。

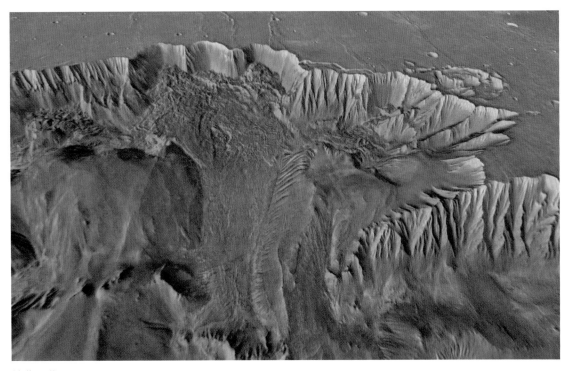

俄斐深谷

第四区是科普莱特斯深谷，长度约966千米，非常类似尤斯深谷和提托诺斯深谷。科普莱特斯深谷也包含冲积物和风积物沉积物质。科普莱特斯深谷就像尤斯深谷一样有多层沉积物，但科普莱特斯深谷的沉积物分层更加明显。这些沉积物的形成年代早于水手号峡谷群峡谷系统，因此认为侵蚀和沉积作用是晚于水手号峡谷群峡谷系统形成的。来自火星环球探勘者（MGS）的较新资料显示这些地层可能是由于火山造成连续山崩的崩积物一层层覆盖或者是液态水或冰的湖底，如果是湖底，则水手号峡谷群周围的峡谷可能曾经是因为侵蚀崩溃而形成的孤立湖泊。地层沉积物的其他来源可能是风吹造成，但地层状况显示风并非地层深积物的主要来源。同时也发现只有地层较高层是薄层，地层较低层相当厚，这表明地层较低层是由大量岩石崩裂形成，地层较高层则是其他来源。

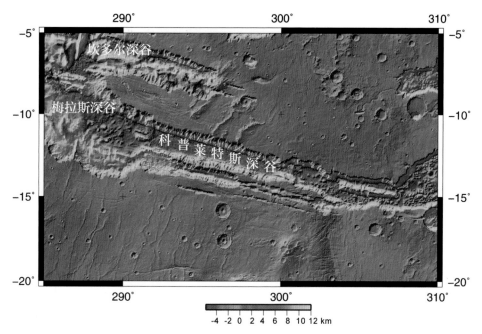

科普莱特斯深谷

2001 年火星奥德赛拍摄的科普莱特斯深谷

　　第五区是厄俄斯深谷和恒河深谷。厄俄斯深谷长约 1 413 千米。恒河深谷位于水手号峡谷群最东端，属于厄俄斯深谷的分支，总长 584 千米。厄俄斯深谷西部的谷底主要是由火山或风积作用形成的沉积物受到火星风侵蚀后的大量物质组成的；其东部则是大面积的线状物和纵向条纹，一般认为是高原沉积物被流体侵蚀后搬运到当地沉积造成。恒河深谷的谷底主要由来自峡谷悬崖的水流沉积物组成。

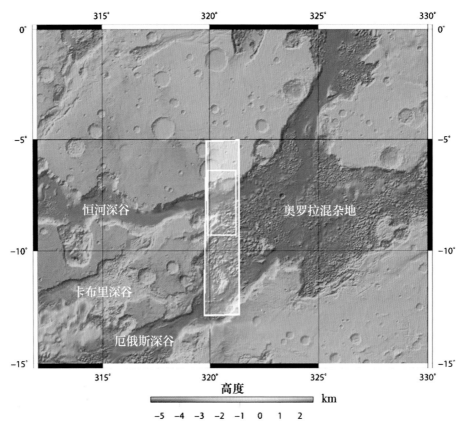

厄俄斯深谷和恒河深谷

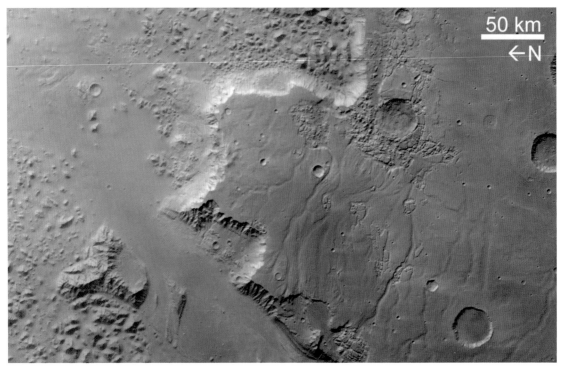

厄俄斯深谷南部

在厄俄斯深谷和恒河深谷东端是水手号峡谷群的终点，流入火星北方大平原附属的克律塞平原，克律塞平原的高度只比水手号峡谷群中的最低点（位于梅拉斯深谷）高约 1 千米。这个外流到北方大平原的区域地形相当类似于火星探路者的着陆地点。

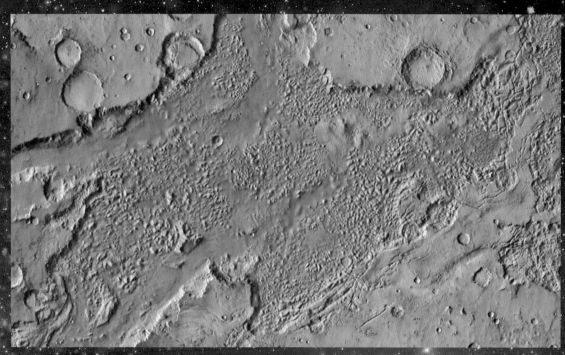

奥罗拉混杂地

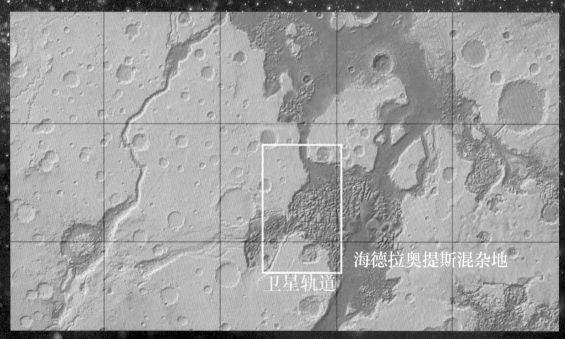

海德拉奥提斯混杂地（1）

海德拉奥提斯混杂地（2）

这些向外水流连续地经过数个混沌地形：奥罗拉混杂地（Aurorae Chaos）和海德拉奥提斯混杂地（Hydraotes Chaos），最后经由西穆德峡谷群（Simud Valles）和蒂乌峡谷群进入克律塞平原（Chryse Planitia）。

第三节 希腊盆地深邃莫测

前面所说的"深潭"是指希腊盆地（希腊平原）。希腊盆地直径约 2 300 千米，边缘和底部之间的高度差是 9 000 米，而最深处则低于火星基准面 8 200 米，位于南纬 32.8°，东经 62.1° 的一个陨击坑内。气压超过 10 毫巴，比火星基准面的 6.1 毫巴高，也比水的三相点——6.12 毫巴要高，如果温度高于 0.01℃，液态水便可能稳定存在。

希腊盆地是火星上最大的撞击结构，被认为是在大约 41 亿到 38 亿年前的太阳系后期重轰炸时期形成的，当时一颗巨大的小行星撞击了火星表面。希腊盆地虽为一个撞击盆地，却不见明显的圆形陨击坑壁，这是因为撞击造成的飞溅物质地松软，在远古大气层较厚的时代即被风所侵蚀。远古时期的流水亦是侵蚀的因素之一，因为有数个峡谷由周围高地流入。如今陨击坑壁只剩西缘的赫勒斯滂山脉（Hellespontus Montes）。

希腊盆地的底部被一层特别明亮的沙子覆盖，在望远镜观测时代即为明显特征。到了太空探测时代，才发现底部其实并不如想象中的平坦，而是非常崎岖，充满山脊和沉积层，显示了复杂的地质史，其中可能有水的参与。

根据火星勘测轨道飞行器（MRO）的浅地层雷达探测结果，希腊盆地东部区域的3个相连的陨击坑有冰川埋藏在表土之下。被埋住的冰川，依据浅地层雷达的测量，在地势较高处陨击坑的厚度约为250米，在中间和底处陨击坑的厚度则约为300米和450米。科学家相信冰和雪先在地势较高处的陨击坑累积，再依序滑经其他两个陨击坑，受到一层岩石碎屑和尘土的保护才免于升华。陨击坑表面的沟和脊是由冰滑动时的变形所造成。

希腊盆地周围分布着一些古老的火山，如东北的第勒纳山和亚得里亚山（Hadriacus Mons），南部则有安非特里忒和佩纽斯山，这些火山和塔尔西斯或埃律西昂火山一样是

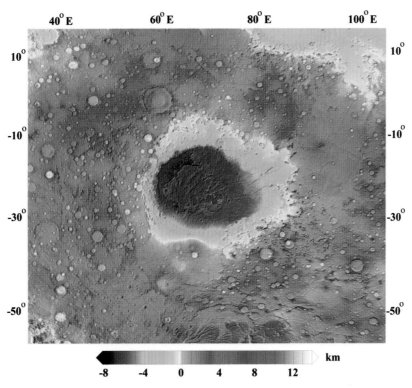

希腊盆地

希腊盆地真稀奇，平地凹下八千米；
盆口直径二十万，坑壁竟然无山脊。

盾状火山，但其中前二者多了很多由火山口延伸的放射状的沟谷，可能是地下冰层受热融解，水渗入所致。而这些水释放出来形成峡谷，其中最大的两个峡谷是东边的达奥峡谷（Dao Vallis）与哈马基斯峡谷（Harmakhis Vallis），远古时期水可能最后流入希腊盆地。现在，这两个峡谷地势足够低，在中午液态水能稳定存在。

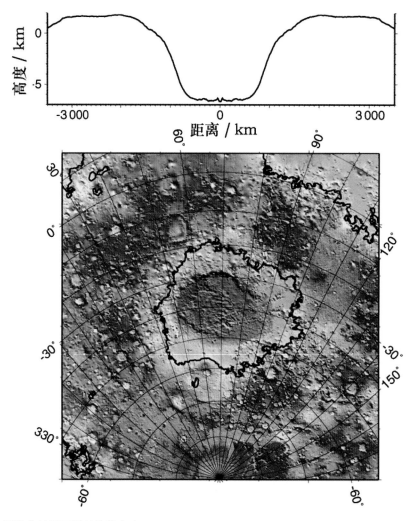

希腊盆地周围抛射物的高度

目前有一种观点认为，希腊盆地是与阿尔巴山对跖的，它和稍小一些的伊希斯平原（Isidis Planitia）大致与塔尔西斯突出部对跖，而阿耳古瑞平原大致与埃律西昂山（Elysium Mons）对跖，埃律西昂山是火星上盾状火山的另一个主要隆起区域。盾状火山很可能是像产生希腊盆地那样的对跖冲击造成的，或许仅仅是巧合。

对跖点（antipodes）是地理学与几何学上的名词。球面上任一点与球心的连线会交球面于另一点，亦即位于球体直径两端的点，这两点互称为对跖点。也就是说，从地球上的某一地点向地心出发，穿过地心后所抵达的另一端，就是该地点的对跖点。因此，对跖点也可称为地球的相对极。

希腊盆地底部有峡谷、山丘和混沌地形。达奥峡谷是火星上一个被认为是流水侵蚀形成的峡谷，长度 816 千米。该峡谷以泰语的恒星命名。该峡谷往西南向流入希腊盆地，被认为是外流泄道。达奥峡谷及其分支尼日尔峡谷总长 1 200 千米。达奥峡谷始于一座大型火山亚得里亚山附近，因此一般认为它的水来源是高温岩浆熔化了大量地下的冰。大多数的水都在非常大规模的外流中流出。下图所示达奥峡谷左侧部分的圆形沉陷被认为是地下水掏蚀，并且使水量逐渐增加。在流行文化中也有关于达奥峡谷的内容，2007年一部加拿大科幻迷你影集《奔向火星》（Race to Mars）中，航天员在达奥峡谷的登陆与科学研究站叫作"加加林站"。

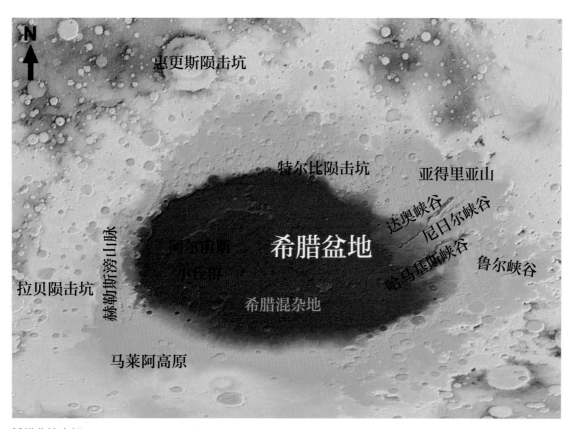

希腊盆地底部

鲁尔峡谷（Reull Vallis）是一个位于火星希腊区的峡谷，该峡谷从外观上看是流水切割火星表面而形成的，长945千米。其他向西流的峡谷汇入鲁尔峡谷后转向北方进入希腊盆地。该峡谷命名来自盖尔语的行星。

哈马基斯峡谷也是一个位于火星希腊区的峡谷，被认为是外流浚道，是火星古代可能曾经有灾难性洪水的证据。该峡谷以古埃及语的火星命名。

特尔比陨击坑（Terby Crater）是火星上希腊平原北部边缘的一个陨击坑，直径174千米。这是一个古老的湖床遗址，有黏土沉积。根据火星环球勘测者、2001火星奥德赛（2001 Mars Odyssey）、火星快车和火星勘测轨道飞行器的数据，研究人员认为，特尔比陨击坑的岩层是由水下沉淀的沉积物形成的。陨击坑计数显示这发生在诺契亚时期。

阿尔甫斯小丘群（Alpheus Colles）是希腊盆地地面上的小山丘地区。希腊混杂地是希腊盆地地面上的一个破碎地带。马莱阿高原是沿希腊盆地西南边缘的一片平坦的高原。不同特征类型的地形有不同的名称。

赫勒斯滂山脉是火星上的山脉，它从北到南绵延711千米。

拉贝陨击坑（Rabe crater）是位于火星挪亚区的撞击坑，直径108千米，以德国天文学家威廉·拉贝命名。在该撞击坑坑底有大面积的沙丘。

拉贝陨击坑

第四节　北海现为五大平原

前面说"北部低洼似大海"，也不是仅从火星表面特征得出的结论。事实上，许多学者提出了火星历史上曾经存在大海的猜想，并以观测事实加以论证。

火星海洋假说认为，在火星地质历史早期，火星表面近 1/3 被液态水覆盖。这个原始的海洋，被称为古海洋和北方大洋洲，在 41 亿—38 亿年前的某个时期，应该填满了火星北半球的北方大平原，这个区域低于火星基准面高度 4 ~ 5 千米。目前火星地理上的一些物理特征表明，过去存在一个原始海洋。沟渠网络合并成更大的河道，暗示着一种液体介质的侵蚀，类似于地球上的古代河床。25 千米宽、几百米深的巨大沟渠似乎将地下蓄水层的水从南部高地引向北部低地。火星北半球大部分地区的基准面高度明显低于火星的其他部分，而且地表异常平坦。

古代火星及海洋猜想图

火星曾有大北海，碧水蓝天惹人爱；

今日只存低洼地，为何水汽都不在？

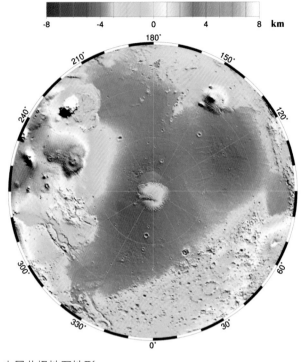

火星北极地区地形

这里所说的"大北海"是一个通俗的说法，实际上是指火星北极附近的一系列平原。这些平原连成片，从地图上来看，似乎是一片大海。

现在的北方大平原，其实是由几个著名的火星平原构成的，如乌托邦平原（Utopia Planitia）、阿西达利亚平原（Acidalia Planitia）、克律塞平原（Chryse Planitia）、亚马孙平原（Amazonis Planitia）和阿耳卡狄亚平原（Arcodia Planitia）等。

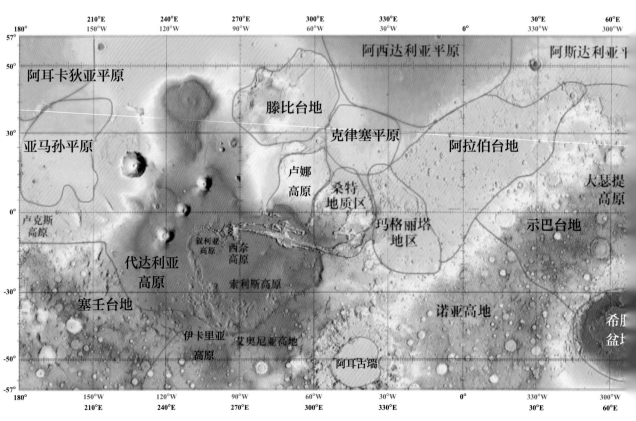

火星平原

1. 乌托邦平原

乌托邦平原是火星上最大的平原，直径 3 200 千米，中心位于北纬 49.7°，东经 118°。1976 年 9 月 3 日，海盗 2 号在此平原着陆，对着陆地点周围进行了探测。2016 年 11 月 22 日，美国国家航空航天局（NASA）报告称，在火星的乌托邦平原地区发现了大量的地下冰。据估计，探测到的水量相当于地球上苏必利尔湖（Lake Superior）的水量。在科幻系列片《星际旅行》中，乌托邦平原被提及为星际联邦的主要造船基地。《星际旅行：下一代》中的主角联邦星舰进取号 –D、《星际旅行：深空九号》的联邦星舰勇抗号以及《星际旅行：航海家号》中的主角联邦星舰航海家号均建造于此。

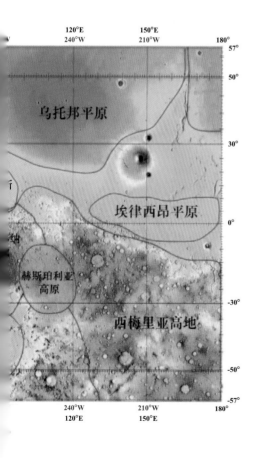

乌托邦平原

海盗 2 号拍摄的乌托邦平原

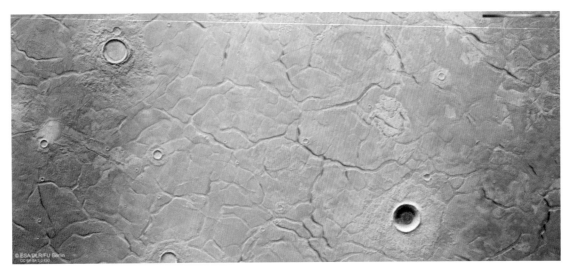

乌托邦平原部分地形

2. 阿西达利亚平原

阿西达利亚平原是火星上的一个平原，位于塔尔西斯区和阿拉伯台地之间，在克律塞平原的北方，中心位于北纬46.7°，东经338.0°。阿西达利亚平原包含了著名的基多尼亚区，这是火星北方大平原和南方陨击高原的交界。基多尼亚区以"火星脸"出名，那里的许多小山丘从卫星上看都有点像人的脸。这个平原以斯基亚帕雷利绘制的地图上神话中的阿西达利亚（Acidalia）喷泉命名。在阿西达利亚平原的一些地方显示了一些锥形小丘，一些研究人员认为这些是泥火山。科学界仍在争论在阿西达利亚平原和火星北部低地的其他地方是否存在古代海洋。

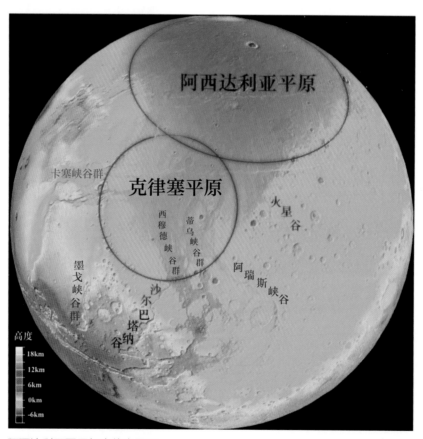

阿西达利亚平原与克律塞平原

两个平原手拉手，大北海内结朋友。
无数江河向这流，要论资源最富有。

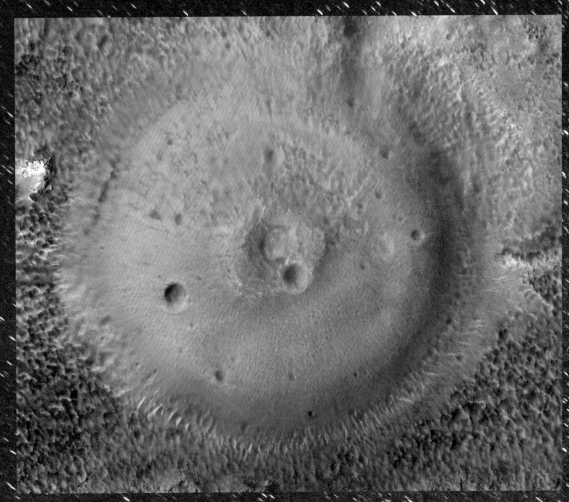

阿西达利亚平原内的锥形小丘

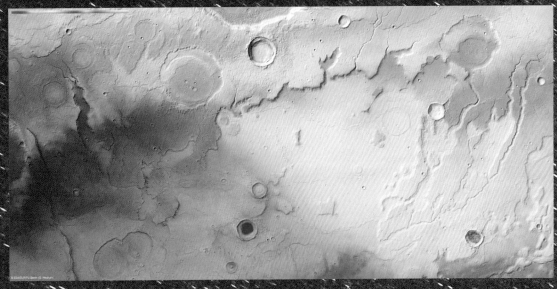

阿西达利亚平原内的陨击坑与河谷

3. 克律塞平原

克律塞平原（希腊语，意为黄金平原）是位于火星北半球，塔尔西斯突出部西侧靠近赤道的圆形平原，中心位于北纬 26.7°，东经 320.0°，直径约 1 600 千米，低于火星基准面约 2.5 千米。一般认为该平原是一个撞击坑，且有类似月海的地质特征，克律塞平原坑洞的密度大约是月海的一半。

克律塞平原有古代火星河流侵蚀的地表特征。克律塞平原位于水手号峡谷群的末端，塔尔西斯突出部的边缘。这里是火星表面地势最低的几处之一，因此一般认为水流将流入此处。从塔尔西斯突出部往克律塞平原的地形一路下降。卡塞峡谷群、墨戈峡谷群（Maja Valles）和纳内迪峡谷群（Nanedi Valles）是从塔尔西斯突出部走向克律塞平原的。往克律塞平原东侧的地势则逐渐变高。阿瑞斯峡谷（Ares Vallis）就是从克律塞平原东侧的高原流入的。蒂乌峡谷群和西穆德峡谷群主要也是流入克律塞平原。

数条古代河流遗迹被海盗号的轨道探测器发现，是火星古代表面曾有液态水的重要证据。有理论认为克律塞平原在火星的赫斯伯利亚纪或早期亚马孙纪是湖或海，因为河谷都从较高的高原走向克律塞平原或相等高度区域，有些地表特征甚至显示了火星古代的海岸线。而克律塞平原往火星北方大平原开口，因此克律塞平原古代可能是一个大型海湾。

海盗 1 号的登陆器在克律塞平原登陆，但该登陆器与河道距离过远，因此并未找到水流的相关地质特征，降落地只找到火山岩特征。火星探路者则降落于阿瑞斯峡谷的末端，进入克律塞平原的入口。

第一张从火星表面传回的清晰图像

海盗 1 号着陆地点

　　海盗 1 号还进行了验证广义相对论的实验。广义相对论预测了"引力时间延迟效应"，这种时间延迟效应是指当雷达信号途经一个大质量天体时，在观测者看来这个信号发射到指定目标以及返回的时间都要比没有大质量天体存在时所需的时间略长。科学家用着陆器来观测这个现象。他们将无线电信号发送给火星上的着陆器，并且命令着陆器返回无线电信号。科学家发现信号来回传递需要的时间符合广义相对论预测的结果。

　　引力时间延迟效应最早由美国哈佛大学天体物理学家欧文·夏皮罗于 1964 年在理论上提出。夏皮罗从光线在太阳引力场中偏折这一事实中得到启发，他认为如果广义相对论正确，那么当光途经太阳引力场时其速度将会减缓，减缓量和角度偏移量成正比。夏皮罗同时设想了一个用于证实他的理论的观测实验：从地面上向金星表面和水星表面发射雷达波并测量其往返时间。夏皮罗通过计算得到当地球、太阳和金星最大限度地在同一条直线上时，太阳质量导致雷达波往返的时间延迟将达到 200 毫秒，这种延迟量在 20 世纪 60 年代的技术范围内完全可以观测到。

第一次实验观测是借助麻省理工学院的"草堆"雷达天线（Haystack radar antenna）完成的，其结果和理论预测符合得很好，误差小于 5%。其后这种实验被不断重复，并且不断取得更高的实验精度。1976 年海盗号火星探测器将实验精度提高到了 0.1%；而 2003 年的卡西尼号土星探测器的实验精度则达到了小于 0.002%，是迄今为止精度最高的广义相对论实验验证。

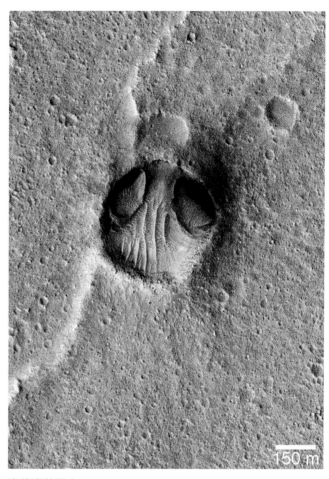

克律塞外星人

克律塞外星人指的是克律塞平原上的一个火星陨击坑，看起来很像外星人的头。

这张图像是由火星环球勘探者上的火星轨道相机（MOC）拍摄的。在 2004 年 1 月 26 日发表时，被 NASA 贴上了"克律塞"的标签。这张图像是喷气推进实验室 2005 年 1 月 26 日发表在杂志上照片的一部分。火星环球勘探者上的火星轨道相机拍摄的这张图像显示，在距离海盗 1 号着陆地点不远的克律塞平原有一个陨击坑，看上去就像一个暴眼的脑袋。火山口北端的两个奇怪的凹陷（"眼睛"）可能是由风或洪水的侵蚀形成的。这两个过程都改变了这一地区的形貌，水的作用发生在遥远的过去，洪水从墨戈峡谷群倾泻过西部的克律塞平原，而风的作用在更近的历史中很常见。这个陨击坑位于北纬 22.5°，西经 47.9° 附近。日光从左下方照亮了这个场景。

5. 阿耳卡狄亚平原

　　阿耳卡狄亚平原是火星上一个在亚马孙纪火山活动后由平坦熔岩流形成的平原。1882 年，乔凡尼·斯基亚帕雷利以古希腊的阿卡迪亚命名。阿耳卡狄亚平原位于火星北半球低地，中心位于北纬 46.7°，东经 192.0°，直径 1 900 千米。阿耳卡狄亚平原的特征是越向北方的表面越少撞击坑，而向南方则逐渐转型成有大量撞击坑的古老高地。其东侧则是巨大的火山阿尔巴山。当地相对于火星基准面的高程在 0 ～ 3 千米。阿耳卡狄亚平原大部分区域是低地，但有一区发现了槽沟和半平行的山岭。这代表接近火星表面的物质在缓慢移动；地球上类似特征的地形会因为地层之间的地下水冰冻和解冻的循环而增加移动速度。这是表明火星该区域可能有地下水的有力证据。这个区域让科学家有兴趣对其进行更进一步研究。

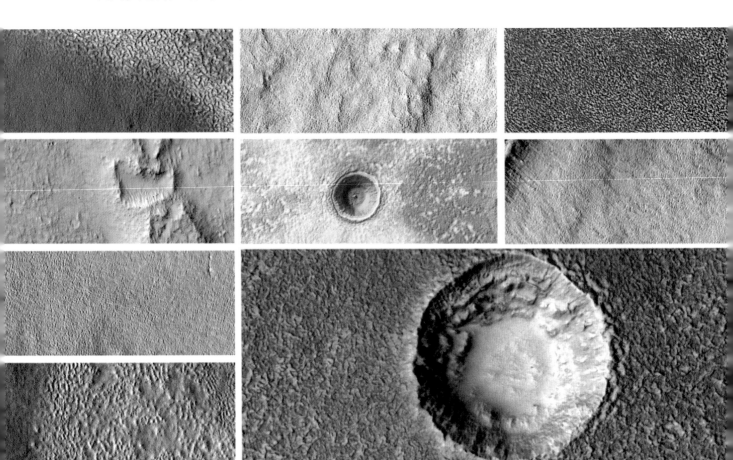

2001 火星奥德赛拍摄的阿耳卡狄亚平原底部地形

第二章

多彩的局地风貌

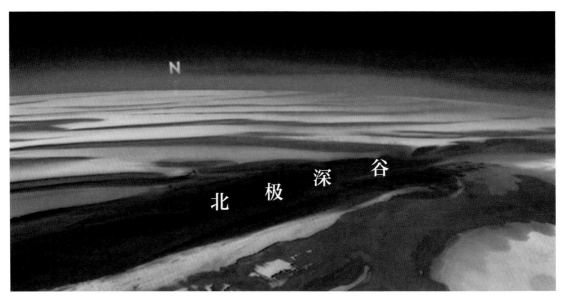

插入北极冰冠之中的北极深谷

　　火星南北极地冰冠的大小和形状存在季节性变化。在火星的冬季，季节性的冰冠向低纬度地区延伸，在春季则以每天 20 千米的速度收缩，在初夏时最小。当温度低于二氧化碳的冰点（150 K）时，火星大气中的二氧化碳可在火星表面凝结。

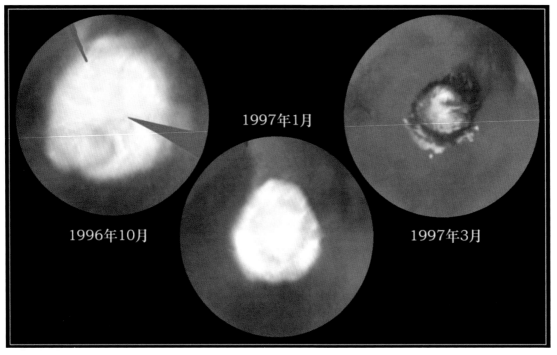

哈勃空间望远镜观测到的北极冰冠变化

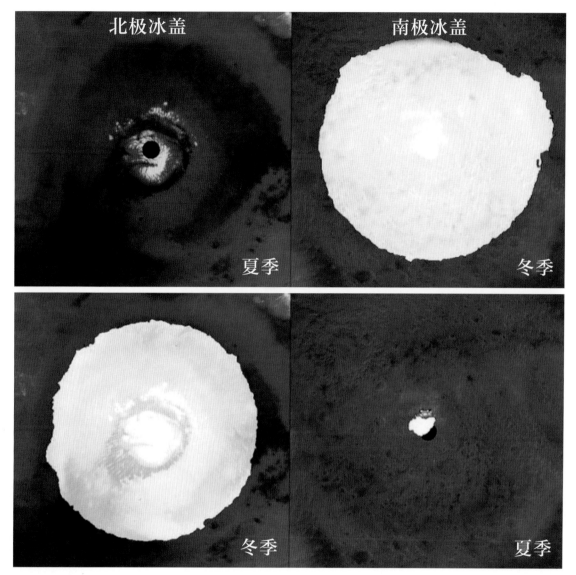

南北极地冰冠大小在一年时间的变化

　　在火星的南极，每年的春季都会发生奇怪的事：经常出现间歇式喷泉。可能有人不相信，火星表面无液态水，地下也只是在个别地区发现有少量的液态水，怎么会产生喷泉呢？可这种现象确实存在，一般人之所以不相信这是事实，是因为大家都认为喷泉喷出的是水，可火星极区的喷泉是气体和沙粒，这到底是怎么回事呢？我们需要从火星的环境谈起。

　　在第三章我们会向大家介绍，火星大气层的主要成分是二氧化碳。不断增加的气体压力会使冰板离地。然后，气体会在某些地方穿透冰板，喷出的气流携带着从冰板下的黑色玄武岩沙子或尘埃倾出，于是就产生了间歇式喷泉。

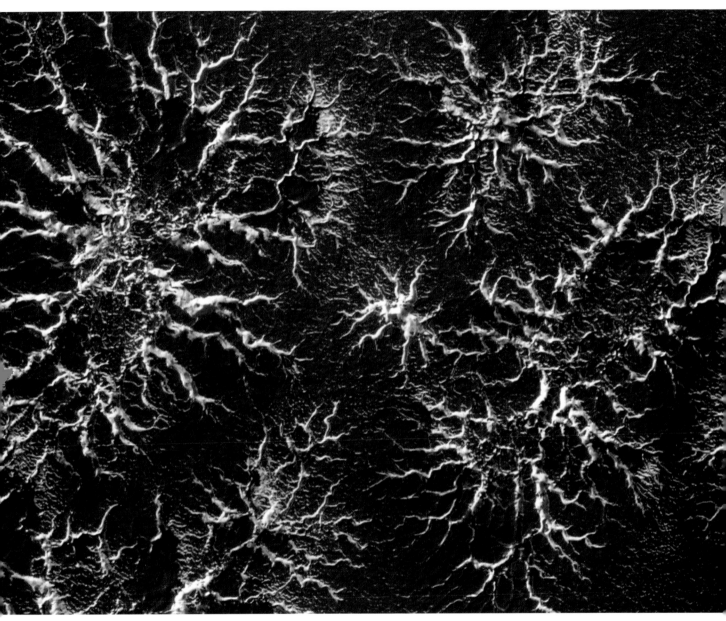

"蜘蛛"地形

春天末见鲜花开，却见蜘蛛爬过来；
阳光之下尽情舞，极区春天增欢快。

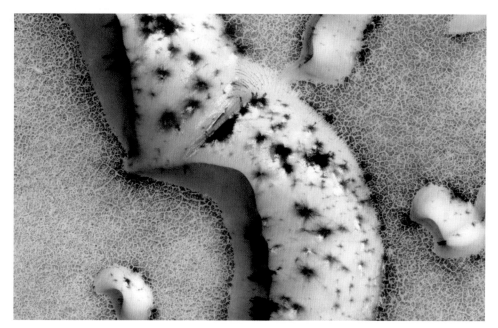

火星北极地区沙丘上的许多黑色形状和亮点

多边地形颇平坦，"田埂"之上布黑点。

沙丘地形多奇妙，升华气体在表演。

新月形沙丘

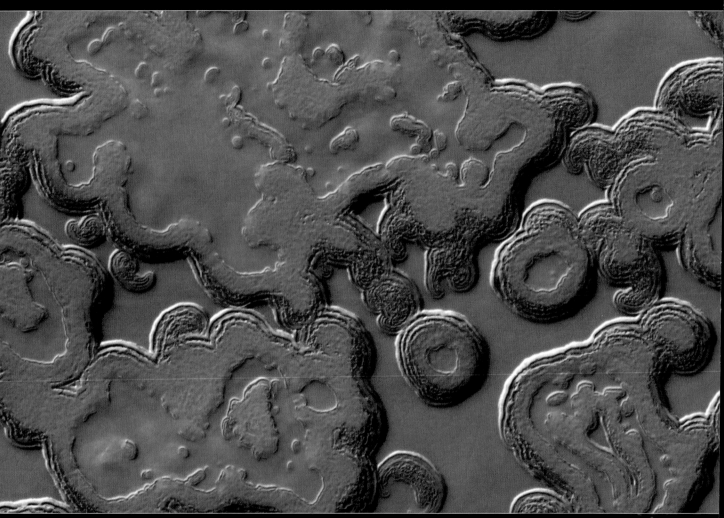

红色星球上的"瑞士奶酪"

瑞士奶酪现南极，连绵一片铺满地。

沙土干冰为原料，喷出气体是厨师。

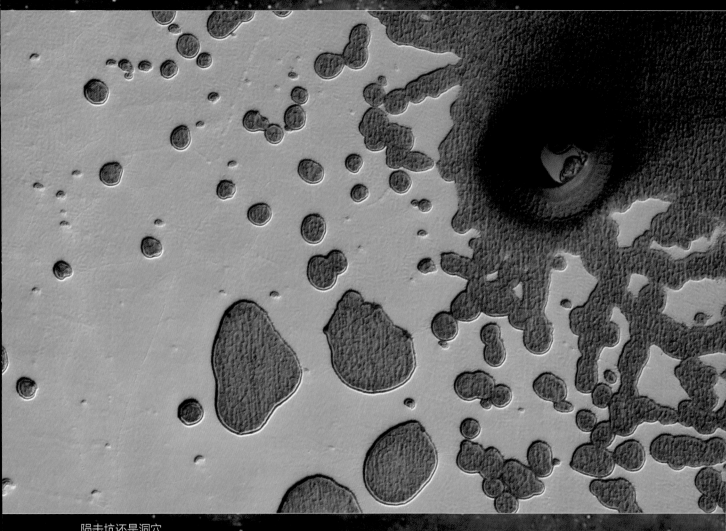

陨击坑还是洞穴

这个陨坑很稀奇，不知溅物去哪里；

莫非是个深洞穴，里面储藏诸奥秘。

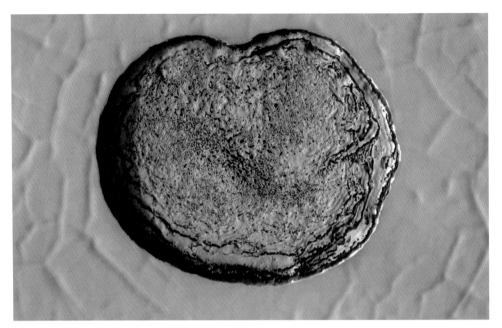

干冰升华产生的洞

又是一颗火星心，春天时节现原形；
细看原是一个洞，干冰升华造就成。

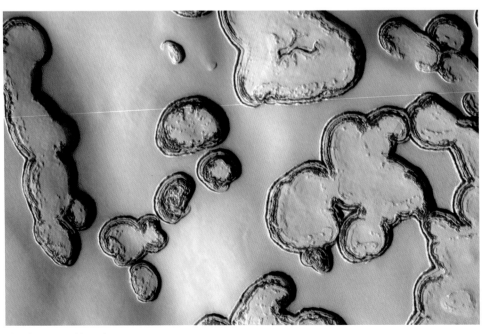

火星极区夏天的干冰

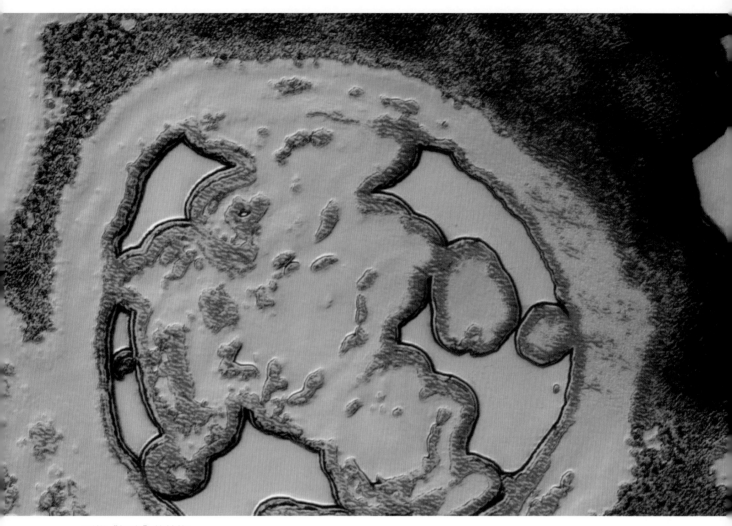

形似"细胞"的结构

　　在火星这个"地质公园"内，"镇园之宝"恐怕要数火星"小树林"了。下面图像中的条纹可能看起来像火星上的树，但它们不是。火星勘测轨道飞行器拍摄到一群深棕色条纹，它们位于覆盖着轻霜的粉红色沙丘上，正在融化。这张图像的某些部分的特写显示了翻滚的羽流，表明在拍摄这张图像时发生了沙滑。

火星"小树林"

二氧化碳向上吹，细沙喷出排成队；

形状如同小树林，极区景色又添美。

展示满载沙尘的喷流射入火星极地的天空的艺术概念图

第二节 陨坑故事颇多

截至 2017 年，火星陨击坑占太阳系所有 5 211 个已命名陨击坑的 21%。除了月球之外，没有任何其他星球像火星一样有如此多的陨击坑。其他有许多已命名陨击坑的非行星天体包括：木卫四（141）、土卫五（131）、土卫五（128）、灶神星（90）、谷神星（90）、土卫四（73）、土卫八（58）、土卫二（53）、木卫四（50）和木卫二（41）。

火星上的陨击坑具有三个特点：数量多，陨坑大，奇形怪状。据 2012 年的统计，火星上直径大于 1 千米的陨击坑数量在 635 000 个以上。火星距离小行星带近，所以它被来自小行星带的物体撞击的可能性更大。火星也更可能被短周期彗星撞击，即那些位于木星轨道内的彗星。尽管如此，火星上的陨击坑要比月球少得多，因为火星的大气层可以防止小流星的撞击。火星上直径大于 100 千米的陨击坑有 142 个，其中大于 300 千米的有 9 个，大于 400 千米的有 5 个，即惠更斯陨击坑、斯基亚帕雷利陨击坑（Schiaparelli crater）、格里利陨击坑、卡西尼陨击坑和安东尼亚迪陨击坑。我们在本节除了介绍几个别具特色的陨击坑外，主要介绍一些火星车曾到访过的陨击坑。

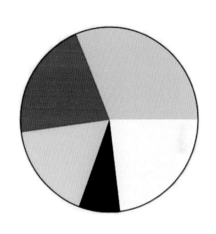

■ 月球：1 624 个，31.2%
■ 火星：1 092 个，21.0%
■ 金星：900 个，17.3%
■ 水星：397 个，7.6%
　 其他：1 198 个，23.0%

太阳系一些天体的已命名陨击坑数量

也许有读者要问，不就是一个坑吗，有什么值得关注的？这里要向读者说明的是，火星上的陨击坑不同于月球，许多火星陨击坑蕴含着多方面的科学问题，如火星地质结构和含水矿物，因此，有的火星车选择陨击坑作为着陆地点，有的则探测多个陨击坑。从这里可以看出，火星陨击坑故事很多。

1. 斯基亚帕雷利陨击坑

斯基亚帕雷利陨击坑位于火星赤道附近，以意大利天文学家乔凡尼·斯基亚帕雷利命名。该陨击坑直径 458.52 千米，中心坐标南纬 3°，西经 344°。坑内有许多可能是因为风、火山造成或水中沉积形成的地层，个别地层厚度可能达数米或数十米。

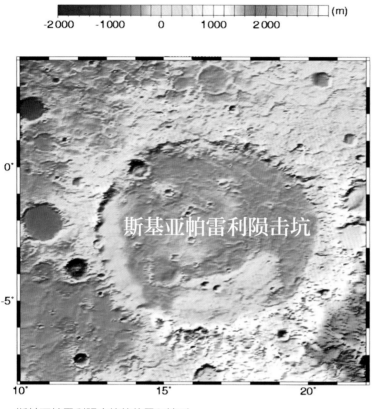

斯基亚帕雷利陨击坑的位置和地形

斯基亚帕雷利陨击坑底部地层的分层结构

斯基亚帕雷利陨击坑内地层的圆周向分层

古树生长快，树轮间隔宽；中间增颜色，泥沙钻进来。

原是陨击坑，分层来积淀；看似寻常事，多彩大自然。

2. 俄耳枯斯山口

　　俄耳枯斯山口（Orcus Patera）是在火星表面上长约 380 千米、宽约 140 千米、深约 0.5 千米的拉长陨击坑，是一个相对平坦的地区，有高达 1.8 千米的边缘。俄耳枯斯山口位于奥林匹斯山的西边和埃律西昂山的东边。它大约就坐落在这两座火山的中间，在盖尔陨击坑（Gale crater）的东北方。

　　它经过风沙的侵蚀，并有一些小坑和堑结构，但是不知道这个地形当初是如何形成的。理论上该地形的形成原因包括火山、构造或巨大撞击事件。

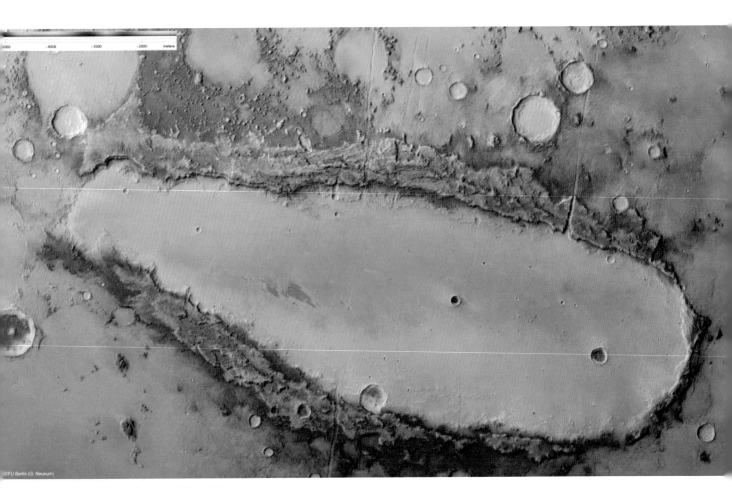

俄耳枯斯山口的伪彩色图

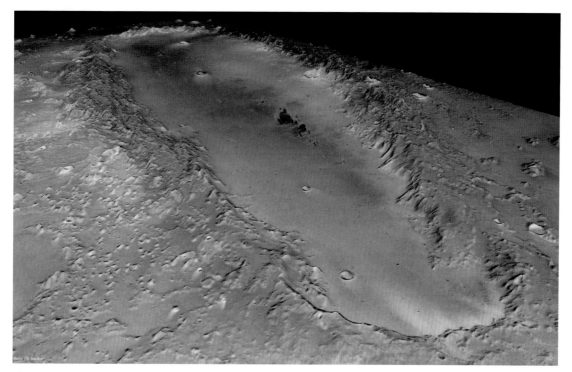

俄耳枯斯山口的透视图

是何撞击物，生此陨击坑？拉长椭圆形，倾斜撞击成？
若是地塌陷，怎有环形山？莫非火山口，此处无高山。

3. 耶泽罗陨击坑

NASA 已经确定耶泽罗陨击坑（Jezero crater）为毅力号火星车的着陆点。这个直径大约 45 千米、深 500 米的陨击坑内可能藏有这颗红色星球上远古时期生命记录的线索。

卫星图像显示，曾经有古代河流冲破耶泽罗陨击坑边缘流入其中，形成一个巨大的湖泊。在这一区域，35 亿～39 亿年前可能曾经存在过适宜微生物生存的环境。当时的火星要远比今天更加温暖湿润。这里存在一个由河流汇入时形成的三角洲地形也是重要的考虑因素。因为三角洲地形非常适宜保存生物痕迹，不管生物是生活在湖水中，还是栖息于湖底，抑或是生活在河流中，但被水流带到这里，都有可能保留下痕迹。从这个独特的区域获取样本将彻底改变我们对火星及其孕育生命的能力的看法。这里还存在多种矿物岩石成分，包括黏土矿物和碳酸盐类矿物，具有很高的保存有机分子的可能，从而指示火星远古时期生命的存在。

耶泽罗陨击坑靠近火星赤道北侧，它的名字源于巴尔干国家波黑境内的一座小镇，很巧的是，在一些斯拉夫语中，"Jezero"也有"湖泊"的含义。

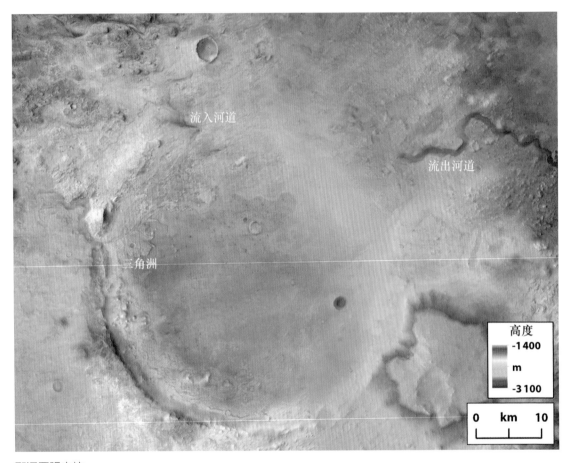

耶泽罗陨击坑

上面河水流入湖，湖水借道东流出。
西面还有三角洲，流进流出真忙碌。

想象的古代湖泊

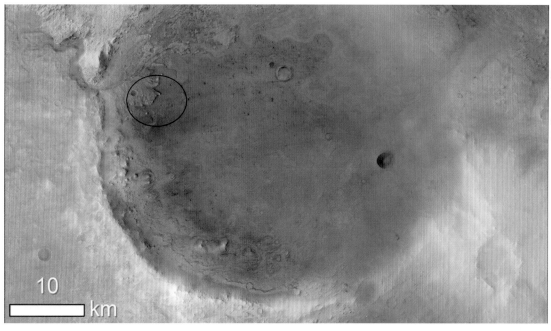

耶泽罗陨击坑中的 2020 年火星漫游者计划着陆点

　　在这张耶泽罗陨击坑图片中，较浅的颜色代表更高的海拔，这是美国航空航天局火星 2020 漫游者任务计划的着陆地点。椭圆形表示着陆椭圆，毅力号火星车将在那里着陆火星。

4. 霍尔登陨击坑

霍尔登陨击坑（Holden crater）位于水手号峡谷群东南方、阿耳古瑞平原北方的高地上，直径 152.66 千米，曾经是毅力号火星车的候选着陆地点之一。霍尔登陨击坑位于乌兹博伊 – 拉冬 – 摩拉瓦（ULM）外流河道系统中。

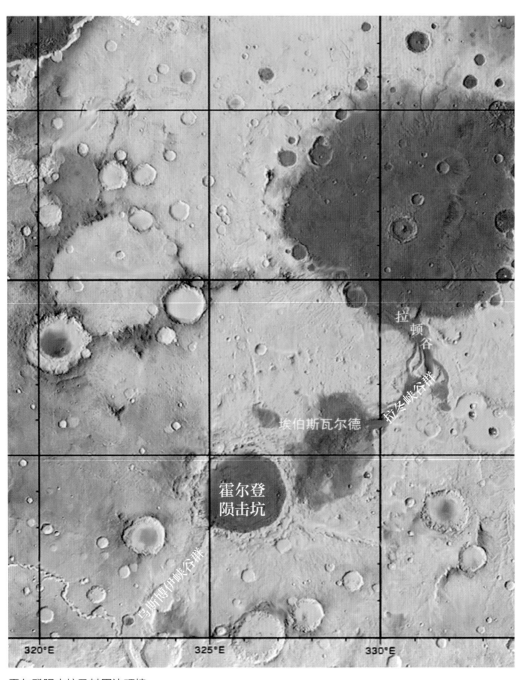

霍尔登陨击坑及其周边环境

　　和火星上的其他一些陨击坑一样，霍尔登陨击坑也有一个出口通道——乌兹博伊峡谷（Uzboi Vallis）。霍尔登陨击坑的一些特征，尤其是湖泊沉积物，似乎是由流水形成的。霍尔登陨击坑的边缘被沟壑切断，在一些沟壑的末端是扇形的沉积物，由水搬运而来。因为它的一些裸露的湖泊沉积物，这个陨击坑引起了科学家的极大兴趣。火星勘测

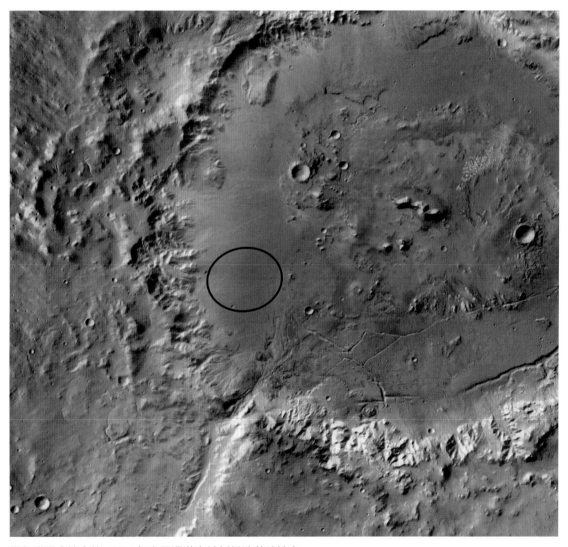

霍尔登陨击坑中的 2020 年火星漫游者计划候选着陆地点

南北联着河谷，坑底蕴藏黏土。
当年定有流水，充满这个大湖。

轨道飞行器发现了其中一层黏土。黏土只有在有水的情况下才能形成。人们怀疑大量的水通过了这个地区，有一处水流是由比地球上的休伦湖还大的水体引起的。当水从一个正在阻塞它的陨击坑边缘喷出时，就发生了这种情况。霍尔登陨击坑是一个古老的陨击坑，其中有许多较小的陨击坑，许多都充满了沉积物。事实上，霍尔登陨击坑裸露了超过 150 米的沉积物，尤其是在霍尔登陨击坑的西南部。霍尔登陨击坑的中心处也被沉积物掩盖了。大部分沉积物可能来自河流沉积物和湖泊沉积物。

对霍尔登陨击坑整个区域的研究，使我们了解了形成陨击坑的一系列复杂事件，其中包括两个不同的湖泊。称为乌兹博伊－拉冬－摩拉瓦外流河道系统的一系列河流将阿

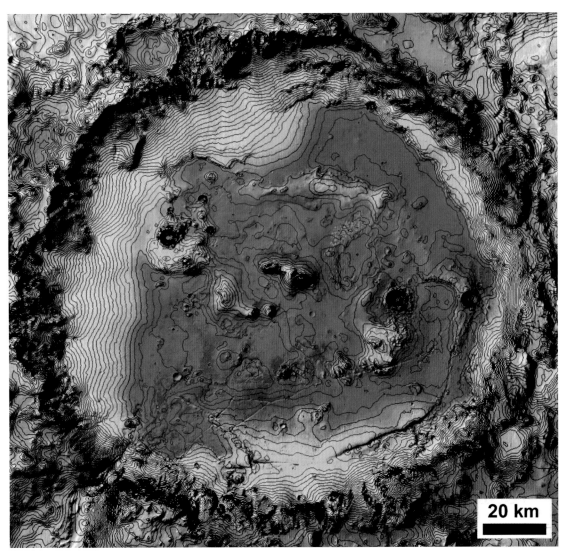

霍尔登陨击坑坑底的等高线

尔古瑞盆地（Argyre basin）的水抽干，该盆地是一个大湖的所在地。当撞击发生并产生霍尔登陨击坑时，乌兹博伊－拉冬－摩拉瓦外流河道系统被近1000米高的霍尔登环形山边缘挡住了。最终，从陨击坑壁排出的水，可能还有地下水的贡献，被收集起来形成了第一个湖泊。这个湖很深，存续时间很长。最底层的沉积岩沉积在这个湖里。因为霍尔登环形山的边缘挡住了水流，所以乌兹博伊山谷水量充裕。

霍尔登陨击坑坑底的层状沉积物

5. 科罗廖夫陨击坑

科罗廖夫陨击坑位于北纬73°，东经165°的北海区，是一个充满冰的陨击坑。它的直径为81.4千米，包含约2200立方千米的水冰，其体积相当于加拿大北部的大熊湖。这个陨击坑是以苏联火箭专家谢尔盖·科罗廖夫（1907—1966年）的名字命名的。科罗廖夫陨击坑边缘高出周围平原约2千米。科罗廖夫陨击坑底部位于陨击坑边缘以下约2千米处，被1.8千米深的中央永久水冰丘所覆盖，直径可达60千米。

科罗廖夫陨击坑里的冰是永久稳定的，因为科罗廖夫陨击坑是一个天然的冷阱，火星上空稀薄的空气比科罗廖夫陨击坑周围的空气更冷。当地较冷的大气也较重，所以大气下沉形成一层保护层，使冰绝缘，保护它不融化和蒸发。最近的研究表明，在科罗廖夫陨击坑内形成的冰沉积物并不是曾经更大的极地冰原的一部分，而是火星两极巨大水资源的一部分。

-22 000 -21 000 -20 000 -19 000 m

科罗廖夫陨击坑彩色图

晶莹白玉盛满盆，翡翠镶边更喜人。

神秘火星有瑰宝，常有珍稀待你寻。

© ESA/DLR/FU Berlin
CC BY-SA 3.0 IGO

自然颜色的科罗廖夫陨击坑

6. 盖尔陨击坑

　　盖尔陨击坑可能是干燥的湖泊，位于火星埃俄利斯区（Aeolis quadrangle）的西北部，中心在南纬5.4°，东经137.8°。它的直径为154千米，有35亿到38亿年的历史。这个陨击坑是以澳大利亚悉尼的业余天文学家沃尔特·弗雷德里克·盖尔的名字命名的，他在19世纪后期观测了火星。夏普山（Mount Sharp）正式名称为埃俄利斯山（Aeolis Mons），是盖尔陨击坑中心的一座山，高达5.5千米。埃俄利斯沼（Aeolis Palus）是位于盖尔陨击坑西北方坑壁和埃俄利斯山西北方山麓之间的平原区域，中心坐标为南纬4.47°，东经137.42°。皮斯峡谷（Peace Vallis）是附近的一个流出通道，从山上"流"到下面的埃俄利斯沼，似乎是由流水雕刻而成。几条证据表明，盖尔陨击坑形成后不久，内部就存在一个湖泊。

　　盖尔陨击坑是在火星早期的历史中，大约35亿到38亿年前，一颗流星撞击火星时形成的。流星撞击在火星地面上打了一个洞，随后的爆炸喷射物落在盖尔陨击坑周围的岩石和土壤上。埃俄利斯山中央丘上的层状构造表明它是一个广泛的沉积层序的残余。一些科学家认为，盖尔陨击坑里填满了沉积物，随着时间的推移，无情的火星风使埃俄利斯山形成，如今埃俄利斯山的火星基准面高度约5.5千米。

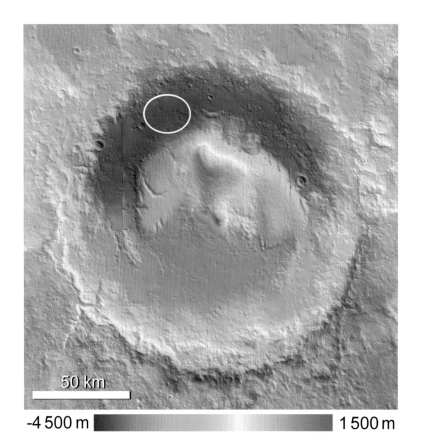

50 km

-4 500 m 　　　　　　　1 500 m

盖尔陨击坑中的好奇号火星车着陆地点

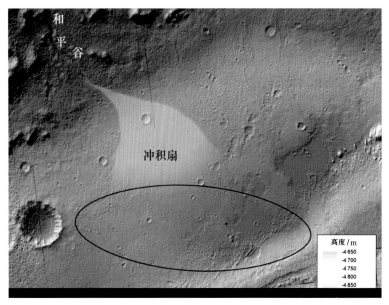

和平谷

冲积扇

高度 /m
-4 650
-4 700
-4 750
-4 800
-4 850

盖尔陨击坑坑壁

　　科学家选择盖尔陨击坑作为好奇号火星车（Curiosity rover）的着陆地点，因为有许多迹象表明，在它的历史上曾有过水。该陨击坑的地质结构以含有黏土和硫酸盐矿而闻名，这两种矿物是在不同条件下的水中形成的，而且可能保存着过去生命的遗迹。在岩石中记录的盖尔陨击坑的水的历史，为好奇号火星车研究火星是否曾是微生物的栖息地提供了很多线索。盖尔陨击坑包含许多扇形区和三角洲，它们提供了关于过去湖泊水位的信息。

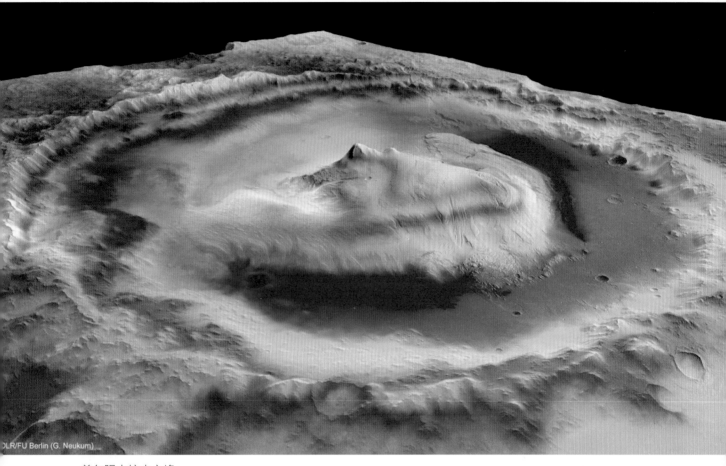
OLR/FU Berlin (G. Neukum)

盖尔陨击坑中心峰

湖中耸立一高山，五层结构向上盘；

湖底充满沉积物，湖边还有冲积扇。

7. 维多利亚陨击坑

　　维多利亚陨击坑是火星上的一个陨击坑，位于火星子午高原上，位于南纬2.05°，西经5.50°。这个陨击坑是机遇号火星探测车首次发现的。它大约730米宽，几乎是坚忍环形山的8倍，机遇号火星探测车于火星日951—1630日访问了它。它被非正式地命名为"维多利亚"——费迪南德·麦哲伦的五艘西班牙船之一。沿着维多利亚陨击坑的边缘，有许多类似突出的岬和凹陷海湾的地形，以麦哲伦发现的海湾和海角命名。

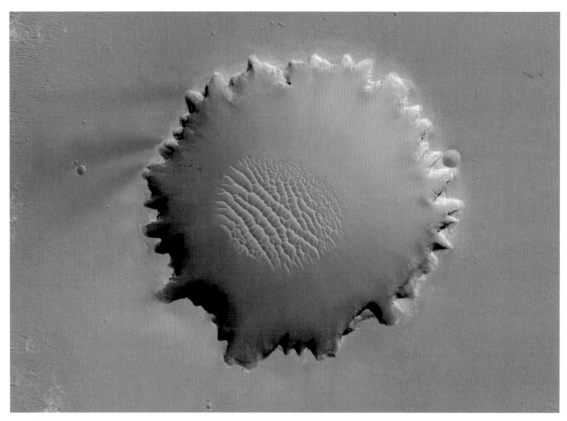

维克多利亚陨击坑

机遇号火星探测车在维多利亚陨击坑旁

"机遇"来到陨坑边，认真观察细心算；进到坑内有收获，爬出坑外有风险。

终于选出一条路，安全来到坑中间；多种仪器齐上阵，幸运获得新发现。

8. 因代沃陨击坑

因代沃陨击坑位于火星子午高原，位于南纬 2.28°，西经 5.23°，直径约 22 千米，平均深度为 200 ~ 300 米，其东南部有一块区域深达 500 米。西南洼地低于火星基准面 1 980 米，马蹄形洼地位于东南部，低于火星基准面 1 800 ~ 1 900 米，比周围的平原低 400 米。人们注意到这个陨击坑经历了各种各样的侵蚀过程，其中一个侵蚀因素是风。

机遇号火星探测车于 2008 年 8 月开始向因代沃陨击坑移动，2011 年 8 月 9 日到达因代沃陨击坑边缘。

因代沃陨击坑

探火需要勇气，发射抓住机遇。

前进路途坎坷，只有不断奋进*。

* Endeavour 意义为奋进。

9. 猎户座陨击坑

2017 年 4 月，在阿波罗 16 号登月 45 周年之际，NASA 的机遇号火星探测车经过了这个小而相对新鲜的陨击坑。漫游者团队选择将其命名为"猎户座陨击坑"，以阿波罗 16 号登月舱命名。漫游者的全景相机记录下了这一景象，并增强了颜色，使表面物质的差异更容易辨认。

猎户座陨击坑的直径约为 27 米。从猎户座陨击坑经历的少量侵蚀或填充来看，它的年龄估计不超过 1 000 万年。它位于因代沃陨击坑的西部边缘。相比之下，因代沃陨击坑直径约 22 千米，拥有超过 36 亿年的历史。

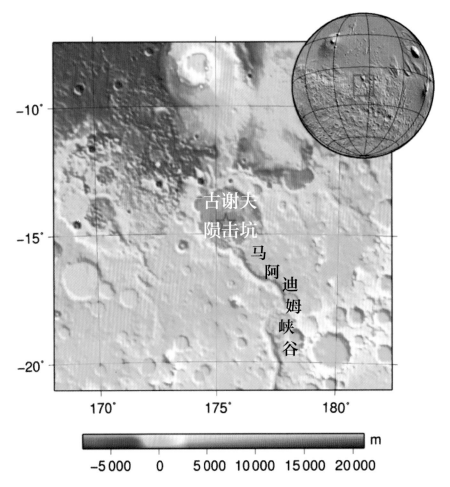

古谢夫陨击坑与马阿迪姆峡谷

想象的古谢夫陨击坑及其水系

猎户座陨击坑

10. 古谢夫陨击坑

古谢夫陨击坑，位于东经 175.4°，南纬 14.5°。这个陨击坑直径约 166 千米，形成于 30 亿到 40 亿年前。1976 年，它以苏联天文学家 Matvei Gusev（1826—1866）的名字命名。

马阿迪姆峡谷（Ma'adimVallis）是火星上最大的外流浚道之一，长约 825 千米，远超过地球上的科罗拉多大峡谷。马阿迪姆峡谷的一些区域宽度超过 20 千米，深度超过 2 千米。马阿迪姆峡谷起源自被认为曾经包含大量湖泊的南方低地区域，向北延伸至接近赤道的古谢夫陨击坑。古谢夫陨击坑看起来曾聚集水，形成一个大湖，因此勇气号火星探测车在古谢夫陨击坑登陆进行调查，但在古谢夫陨击坑坑底只找到火山岩。湖泊沉积物可能被附近的火山阿波利纳里斯山之后的喷发物覆盖。

马阿迪姆峡谷被认为是火星早期历史中流动的水侵蚀形成。有些沿着马阿迪姆峡谷崖壁的窄而短的河道可能是掏蚀河道。地下水部分溶解和破坏岩石时地下水掏蚀发生，会使岩石坍塌成为破碎沉积物，并且会被其他侵蚀作用搬运离开原处。

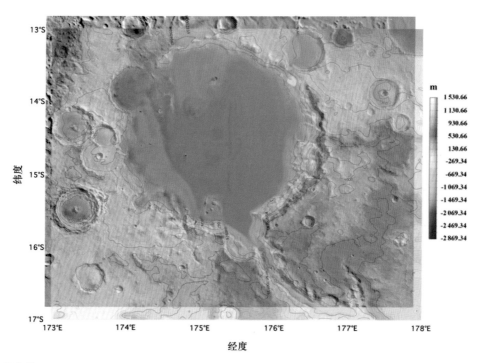

古谢夫陨击坑

陨坑连着阿迪姆，河水流进古谢夫。

满湖清水欢心唱，身旁小湖在伴舞。

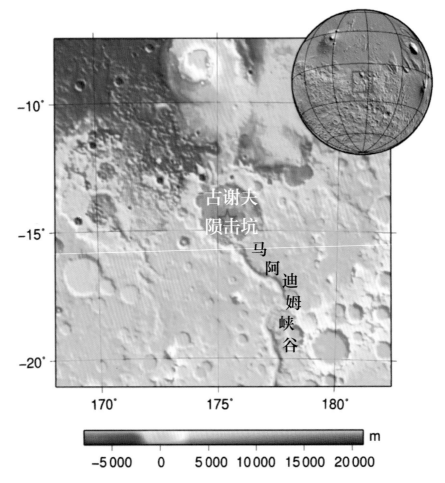

古谢夫陨击坑与马阿迪姆峡谷

想象的古谢夫陨击坑及其水系

在本节的最后，我们再欣赏一些虽然个头不大但却很有特色的陨击坑。

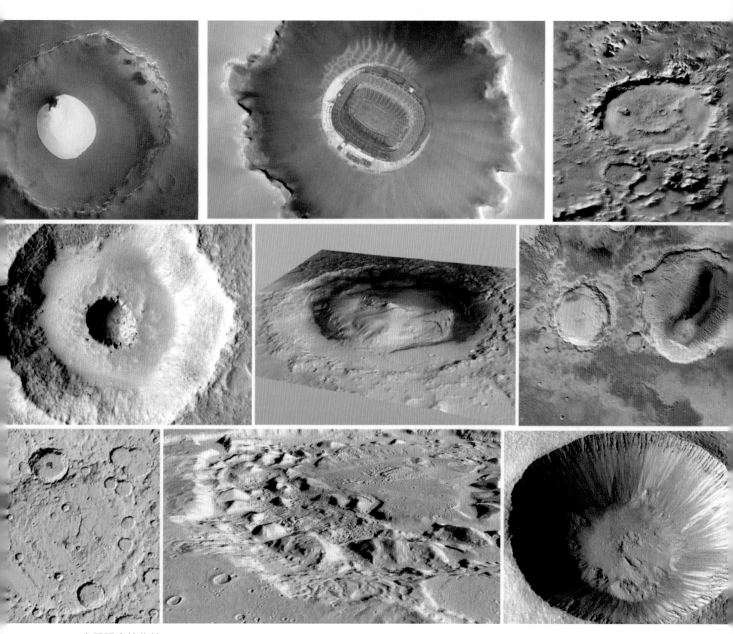

火星陨击坑集锦

陨坑本是撞击成，难得特色分外明；这个坑底露笑脸，那个坑底示双层。
中心生出一座山，坑中有霜又有冰。高低错落似混沌，坑底坑壁尽显平。

第三节　沙丘五彩缤纷

沙丘是火星上分布最广的风成地貌之一，是大气和火星地表相互作用的独特标志。在一个行星上，沙丘堆积在有大量沙粒存在的地方，这些沙粒被强度突变的风带到下风处，随后沉积在风减弱到输沙阈值以下的地方。因此，对沙丘沉积过程的研究对大气和沉积科学都有贡献。沙丘的存在和形态对风环流模式和风强度的微妙变化非常敏感，人们认为这些变化受到火星轨道参数变化的影响。风积沙的空间分布与源物质的沉积和侵蚀模式有关，为周围地形的沉积历史提供了线索。沙丘特别适合进行全面的行星研究，部分原因是它们在火星表面的不同基准面高度和不同类型地形广泛分布，部分原因是它们足够大，可以利用现有的航天器数据进行研究。因此，火星全球范围的沙丘研究对于进一步了解火星气候和沙丘沉积过程具有双重作用，这两个基本课题目前正在推动着火星科学的发展。

火星最北端的沙丘开始从季节性的（干冰）的冬季覆盖中显露出来。朝南的山坡则一片漆黑，正吸收着太阳的热量。

沙丘陡峭的背风面山脊也没有冰，使得沙子可以从沙丘上滑下。黑色的斑点是在早春时干冰裂开，释放出沙丘的地方。很快，沙丘将完全裸露，所有春天活动的迹象都将消失。

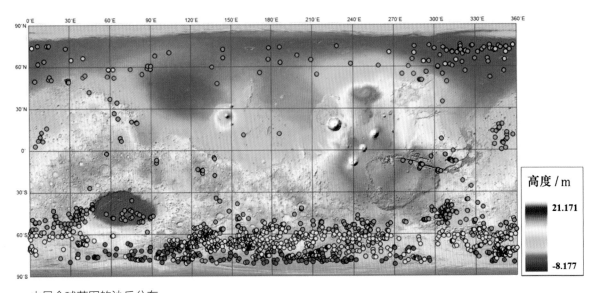

火星全球范围的沙丘分布
圆圈颜色表示沙丘场分配的稳定指数等级：绿色-1；亮绿色-2；黄色-3；光橙色-4；橙色-5；红色-6

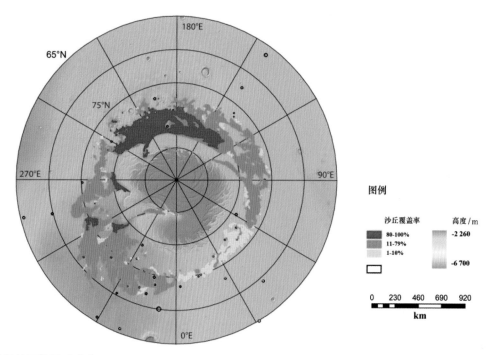

火星北极地区的沙丘分布

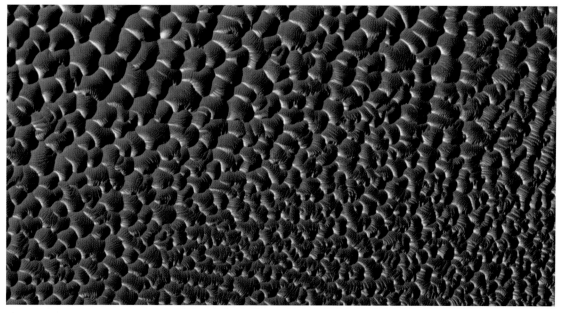

火星南半球的在向南的斜坡上显示出季节性霜冻的扇状沙丘

前面挂着一扇屏，疑似硬木雕刻成；

鱼鳞图案镶白纹，刀工细腻杰作生。

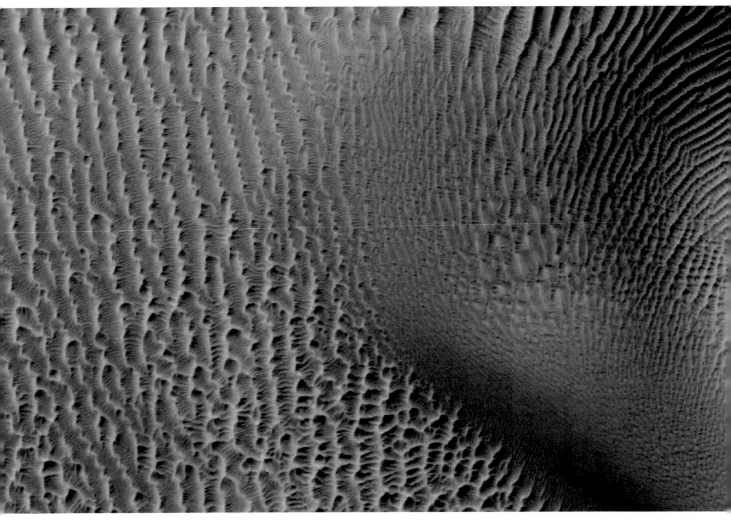

火星勘探轨道飞行器拍摄到的沙丘

图案细腻种类多，运动静止相结合。
颜色渐变巧搭配，世上难寻此杰作。

　　这里的蓝色特征看起来像雨滴，但实际上是富含矿物橄榄石的沙丘。富含橄榄石的
沙丘在地球上非常罕见，因为橄榄石在潮湿的环境中会迅速风化成黏土。

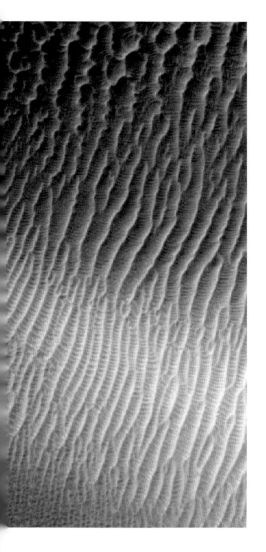

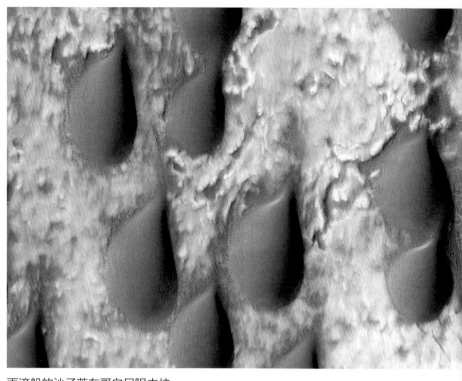

雨滴般的沙子落在哥白尼陨击坑

这个设计颇出奇，光滑墙面有雨滴。

汉白玉上镶翡翠，如此装修真别致。

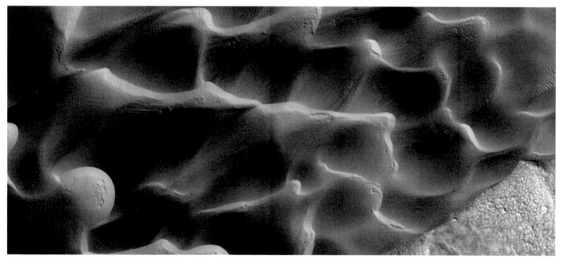

在火星上观察到的最大的沙丘移动

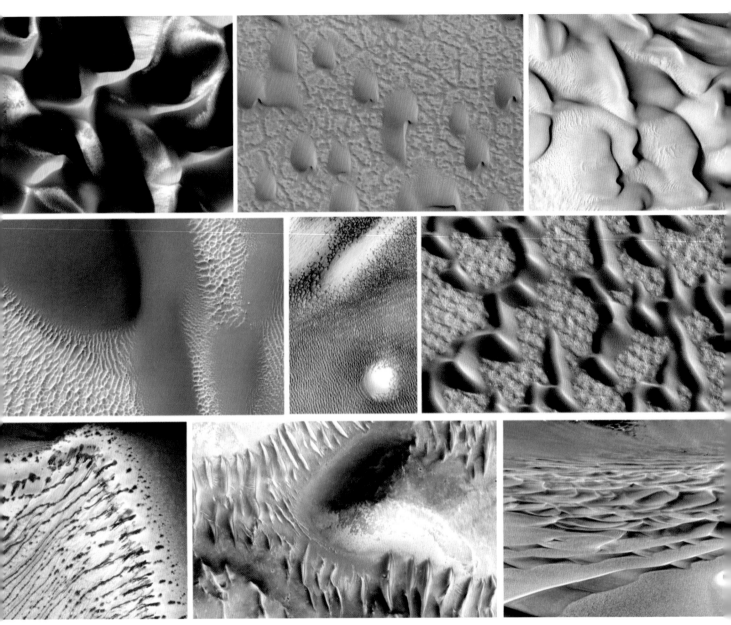

火星沙丘集锦

风为笔，沙为墨，火星处处有杰作。

扇形丘，鱼鳞波，精心组合费琢磨。

细沙粒，多矿种，配出火星多颜色。

冰升华，霜涂抹，共建多彩新世界。

第四节　河道纵横交错

说起火星的"河道"，也许有人会问，火星表面没有水，哪来的河道呢？其实，我们这里所说的河道，主要指古河道。也就是说，根据多种观测手段分析，这些特征地区发现了大量含水矿物，从外形来看，在古代很可能是河道。因此现在许多学者将其称为"外流河道"或"流出通道"。

火星的外流河道通常达数千千米长，宽达数十至数百千米，深可达1000米甚至更深。目前，科学家们已经发现火星上至少有20多条较长的外流河道，至于短的河道则不计其数。

1. 曼加拉峡谷群

曼加拉峡谷群（Mangala Valles）是火星上一个复杂的十字交叉河道区域，位于塔尔西斯地区，长度828千米，生成于亚马孙纪，名称来自梵语的火星。这个区域一般被认为是灾难性洪水从火星表面大量流过以后侵蚀而成的外流河道。洪水的由来可能是因为板块的张裂并在源头形成地堑，造成冰冻圈下受压含水层破裂使地下水大量流出。曼加拉峡谷群中有许多风蚀的山岭或雅丹地貌。曼加拉峡谷群出现在迈克尔·克莱顿的小说《神秘之球》中。在史蒂芬·巴克斯特的小说《远航》中，此地是首次载人火星任务的登陆地。

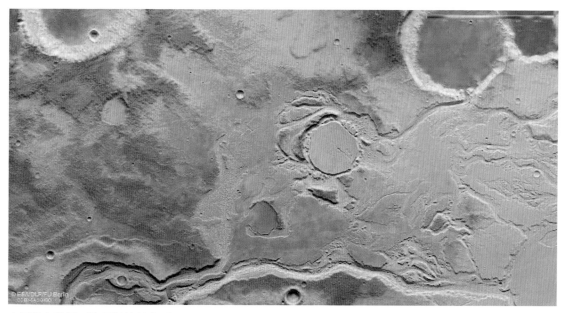

火星快车拍摄到的曼加拉峡谷群

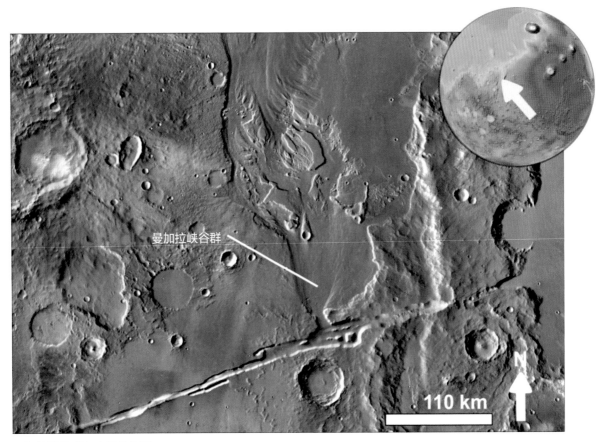

曼加拉峡谷群

110 km

曼加拉峡谷群在火星的位置

山高谷深陨坑多，更有无数小沟壑。
曼加拉谷风光秀，吸引首批登火者。

2. 鲁尔峡谷

鲁尔峡谷是一条外流河道，全长 1 500 多千米，穿越火星南半球高原上的普罗米蒂地形，向希腊盆地延伸。火星快车上的高分辨率立体摄影机（HRSC）已多次取得鲁尔峡谷及其周围山脉的图像。这里显示的是 2012 年 5 月 14 日在 10657 轨道上从 320 千米高度拍摄的鲁尔峡谷上游图像，图像的中心位于南纬 41°，东经 107°。图像中显示的区域面积约 15 000 平方千米。

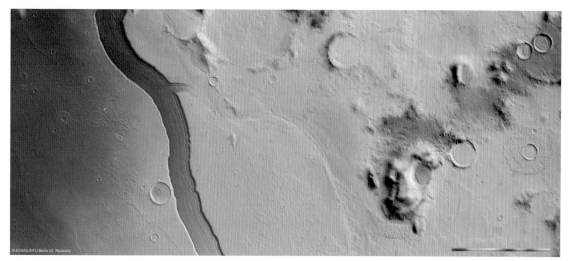

鲁尔峡谷上游

一条大河波浪宽，河水滋润绿两岸。

而今河底富含冰，佐证当年富水源。

最新的火星快车图像显示，鲁尔峡谷的这个区域河道宽约 7 000 米、深 300 米。图像的分辨率为 16 米每像素，谷底特征清晰可见。

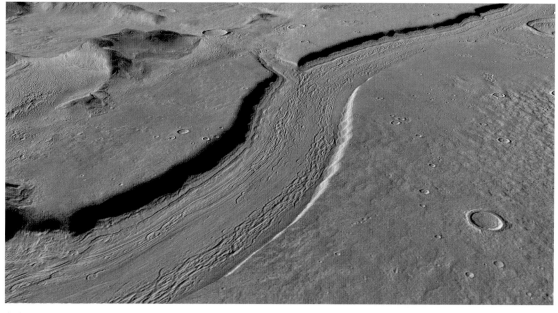

鲁尔峡谷透视图

3. 拉维峡谷

　　拉维峡谷（Ravi Vallis）大约200千米长，诞生于阿罗马特姆混杂地（Aromatum chaos）的洪水中（左）。湍急的水流在桑特大地上开辟了一条道路，在河道中至少形成了两个小的混沌区域（中间），然后越过高原边缘，消失在另一个混沌区域（右下方）。在图的左侧远处是奥森·韦尔斯陨击坑和沙尔巴塔纳峡谷的蜿蜒小路，这是一条更长的外流河道，可能与拉维峡谷在水文上有关。该图像是从大约120千米的高度往西北方向拍摄的。

拉维峡谷

河水滔滔向下流，混沌位于洪水中；
一谷连接四混沌，难怪河水来势汹。

4. 赫菲斯托斯堑沟群

　　赫菲斯托斯堑沟群（Hephaestus Fossae）是位于火星阿蒙蒂斯区的槽沟与河道系统，中心坐标北纬21.1°，西经237.5°。它的长度为604千米。赫菲斯托斯堑沟群已被初步判定是外流河道，但它的形成和演化仍旧不明。目前已有人提出流星体撞击事件使火星表面下的冰融化，造成灾难性的大量洪水流入赫菲斯托斯堑沟群。

　　赫菲斯托斯堑沟群的表面大部分是光滑的，并覆盖着几个直径 800 ~ 2 800 米的小陨击坑。较小的陨击坑散布在整个地区。一个直径 20 千米的大陨击坑是该地区的突出特征。这个陨击坑占地约 150 平方千米。

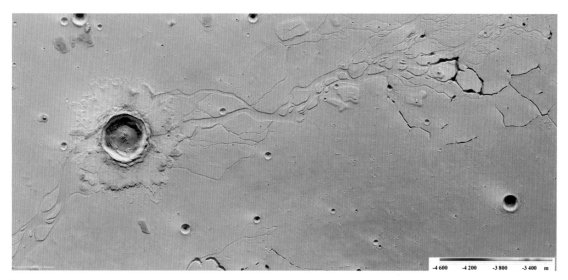

赫菲斯托斯堑沟群

一条大河千里长，中间设有大海港；
客运货运皆方便，河汉密集通四方。

　　赫菲斯托斯堑沟群中，众多的小河道纵横交错，每一条都是弯弯曲曲的，如图所示。

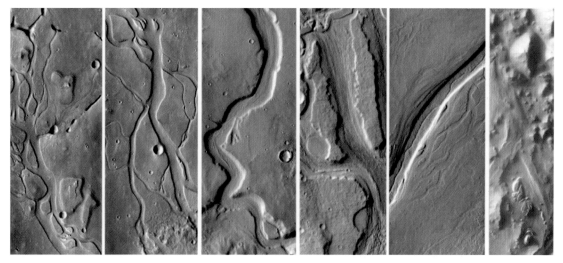

赫菲斯托斯堑沟群中的小河道

外流河道主要形成于赫斯伯利亚（Hesperian）纪。赫斯伯利亚纪是火星地质历史的中期，科学家认为它从大约 37 亿年前持续到大约 30 亿年前。然而，在埃律西昂平原（Elysium Planitia）和亚马孙平原的一些外流河道显示，陨击坑的年代只有几千万年。如果这是真的，那么这些特殊的河道在地质上非常年轻。

不同大小的外流河道所包含的特征是基本相同的。例如，流线型的岛屿、纵向的沟槽、干燥的瀑布（大瀑布）和冲刷过的部分。这些特征表明，灾难性的洪水造成了大规模的侵蚀。科学家发现，没有一种单一的河道起源可以解释所有的外流河道。有些河道起源于混沌区域。科学家们认为，这些混沌区域可能是由于构造断层或火山活动导致地下水从地下涌出而形成的。当水沿着裂缝涌出时，破坏了地面，把裂缝扩大成峡谷，留下了台地。科学家称这一过程为消耗。另一个来源可能是一个阻塞湖泊的天然大坝的破裂。科学家们在层状沉积物中发现了证据，证明湖泊是由水手号峡谷群的地下水补给的。来自这些湖泊的洪水可能是从水手号峡谷群东端流出水道的。

在这些湖泊和突如其来的洪水背后，科学家们有一个可行的假设：冰冻圈的概念。这是一层全球性的富含冰的冻土，从火星地表附近一直延伸到一定深度，假设深度从火星赤道附近约 2.5 千米到极地地区约 6.5 千米不等。冻结的火星地表会将水（或冰）锁在岩石的孔隙中，还会覆盖更深一层的液态水。因此，冰冻圈就像一瓶苏打水的顶部。如果地下冰层融化，或者是由于断层作用或火山活动，使冰冻圈"爆顶"，大量承压地下水就会喷涌而出。

第五节　火星堪称艺术

到目前为止，人类已经发射了 40 多颗火星探测器。这些探测器各具特色，如火星环球探测者拍摄了许多大尺度的火星图片；火星快车既携带了可见光摄像机，也携带了雷达，从多种角度揭示了火星的秘密；火星勘测轨道飞行器不仅成像的分辨率最高，还携带了激光高度计，对火星全球大多数地区进行了立体成像；机遇号火星探测车与好奇号火星车，则从近处揭示了火星秘密。所有这些探测器都获得了大量图像资料，其中不乏精品。我们这里所说的火星堪称艺术，是指这些探测器所获得的精品图像。我们称其为精品，是因为这些图像不仅颜色鲜艳，有艺术欣赏价值，而且从某个侧面揭示了火星的突出特征，看了这些图像，人们会眼前一亮。本节我们选择一些精品图像，供读者欣赏。

1. 火星全球图

这张火星全球图是根据 2001 火星奥德赛、火星环球观测者和火星勘测轨道飞行器 3 颗探测器获得的数据，经过精心的数据处理获得的最新图像。图像从左至右分别显示了火星地形、重力异常和外壳厚度的情况，不仅对研究火星有重要意义，而且极具观赏价值。

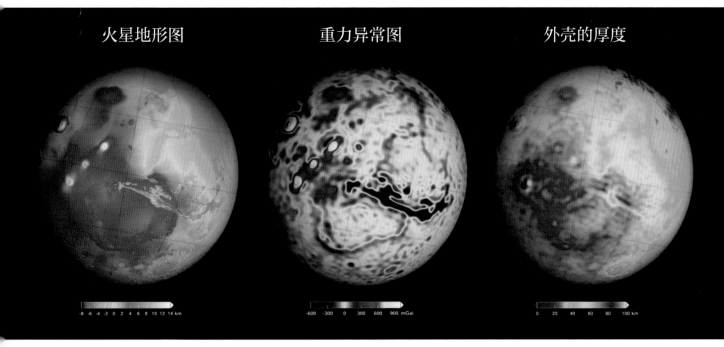

火星全球图

火星全图耳目新，色彩鲜艳颇迷人；
信息含量异常大，看图就可识战神。

2. 火星上的沙丘

　　沙尘暴本来是令人讨厌的事情，可是，沙尘暴所产生的许多沙丘却宛如一幅山水画，显示了一种华丽的尘暴痕迹模式，形成惊人的图案。

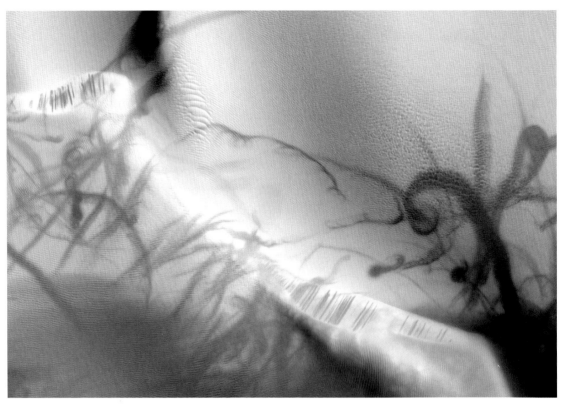

火星上的沙丘

　　　　　　细腻尘沙作底色，多彩矿物绘新图。
　　　　　　眼前一幅青竹画，档次可以存故宫。

3. 揭秘表面下的真相

下面这幅伪彩色图像演示了如何使用好奇号火星车照相机的特殊过滤器来揭示目标岩石中存在的某些矿物质。这幅图像是通过三个滤镜合成的图像，滤镜的选择是为了让赤铁矿（一种氧化铁矿物）以夸张的紫色脱颖而出。

通过三个滤镜合成的地面"贴画"

矿物种类无穷多，组合图案很出奇。

"好奇"拍下此图片，红花绿叶甚相宜。

4. 多边形沙丘

图像显示的是蛇皮形状的多边形沙丘。

多边形沙丘通常存在于浅层冰或干枯区域，如泥地。然而，大自然有时似乎对我们来说太聪明了。这些多边形沙丘是由交叉的山脊形成的。如果其沉积物被硬化和侵蚀，我们可能不会说它们起源于风吹的沙丘，而是把这些多边形沙丘解释为干涸湖泊的证据，例如沙丘经常堆积在火山口的底部，这些地区也是形成临时湖泊的好地方。

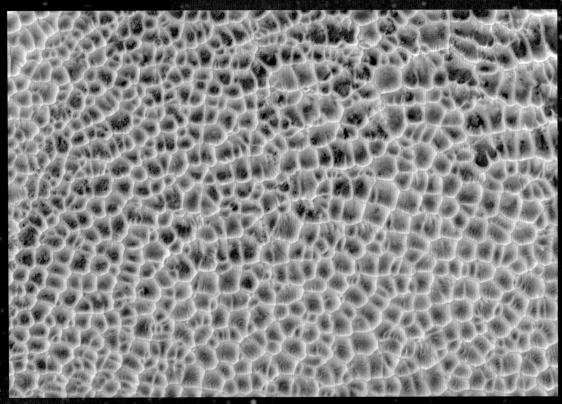

多边形沙丘

火星未见昆虫飞，这里蜂窝却成堆。
原是风沙遇山脊，构建有趣多棱锥。

5. 奇特的"大脑地形"

科学家们现在知道，火星上的冰比以前想象的要多得多。已知的许多叶状地貌几乎都是纯冰，就像地球上的冰川一样。我们仍然不确定这些火星上的冰沉积物是否像地球上的冰川那样流动。知道它们流动的速度（如果有的话！）将帮助我们更多地了解火星的气候以及它是如何随时间变化的。

这幅图像显示了火星上一个覆盖在小山丘上的冰体叶状特征。这座小山丘脚下的冰有一种不同寻常的纹理，人们称之为"大脑地形"。这个奇怪的表面可能与冰的流动有关，是由这些巨大的冰川沉积物的热应力和收缩，以及随后的升华造成的。这些冰川沉积物是在 1 000 万到 1 亿年前的中纬度冰川期形成的。

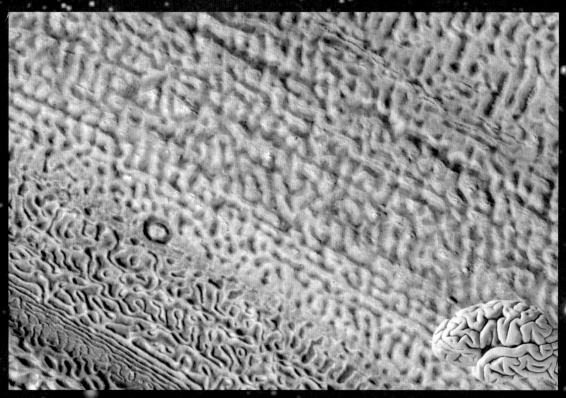

"大脑地形"（右下角为实际的大脑图形）

亿年制作行无疆，纹理细腻不寻常。
曲线结构似大脑，自然之力是工匠。

6. 子午高原的风蚀沉积物

用不同颜色区分不同区域的合成图像

靓丽色彩显示美，美丽图画有新意。
不同矿物坑底藏，科学与美融一体。

　　图像中未命名的陨击坑宽约43千米，位于火星子午高原东部。在这张图像的顶部，陨击坑的北部边缘呈弧线状，而它的南部边缘的一部分出现在右下角。

　　这幅伪彩色图像使用了来自2001火星奥德赛的热发射成像系统数据。它结合了白天的可见光和夜间的红外线，将这两个区域合并在一起，就会显示出带有蓝色的灰尘和细沙的区域，而表面有岩石和硬化沉积物的区域则显示为红色。陨击坑的大部分区域填满了沉积物，这些沉积物呈淡黄色，表明在陨击坑表面或其附近有中等密度的固体物质。这些沉积物与陨击坑内部的其他部分明显不同，陨击坑内部蓝色色调的柔软的覆盖层特征表明这里覆盖着厚厚的灰尘和细沙。

7. 火星上的"千足虫"

　　图像的迷人之处在于沙丘上的山脊，营造出一种壮观的错觉，仿佛我们看到的是千足虫，这就是所谓的"幻想性视错觉"的一个很好的例子。我们看到的东西其实并不存在，幸运的是，HiRISE（高分辨率成像科学实验相机）帮助我们更详细地观察地形，让我们知道看到的是令人印象深刻的沙丘上的山脊地形，而不是昆虫。

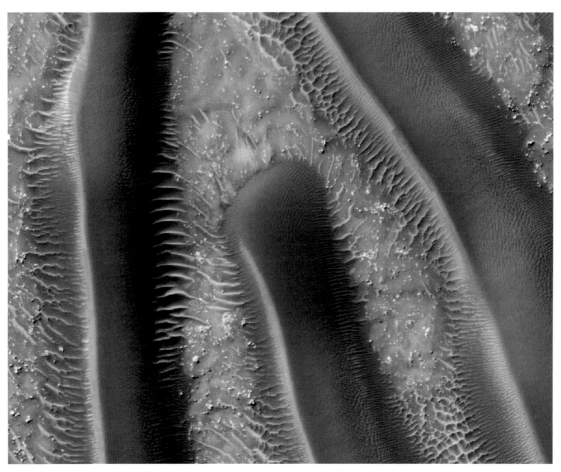

"千足虫"

色彩鲜艳毛茸茸，形似一只千足虫。

火星景观真奇妙，遥感相机更称雄。

　　从某种意义来说，艺术在于其特殊性。由于火星特有的气候变化和地质演变历史，使得人类可以在火星上发现许多在地球上看不到的东西，因而觉得它们就是艺术品。可以称为艺术品的图像很多，我们不一一列举，按照我们的习惯，最后给出火星艺术图像集锦。

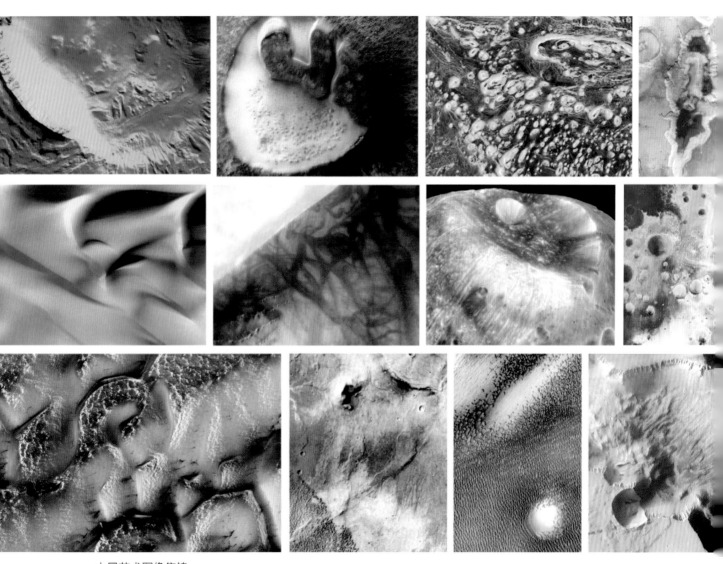

火星艺术图像集锦

色彩斑斓形态奇，样式搭配有新意。
巧夺天工似壁画，沙丘河谷皆靓丽。

第六节　分层结构奇特

火星和地球一样，在过去的几百万年里似乎经历了全球气候的变化。地球冰期的影响在格陵兰岛和南极洲的极地冰中得到了很好的记录。类似地，火星的极地层状沉积物似乎也记录了火星古代的气候变化。地球旋转轴的倾斜（相对于太阳）的变化被认为影响了地球气候，但在火星，这些变化更大。火星上的分层结构既有大尺度，也有小尺度。

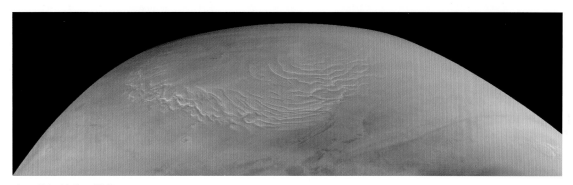

火星北极的分层结构

> 这个"梯田"不一般，大小遍及北极圈。
> 记录火星气候史，层层盘旋现奇观。

火星两极地区灰尘和水冰的沉积层

> 纤细条纹看得清，弯弯曲曲是冰层。
> 颜色变化藏奥秘，沙尘矿物皆分明。

加勒陨击坑的分层结构

火星北极的层状沉积物

　　大多数火星研究人员认为，极地层状沉积物是许多气候周期中沉积的灰尘和水冰数量变化的结果，但形成单个层状沉积物所需的时间仍然是一个主要的不确定因素。对极层厚度的研究受到图像分辨率的限制。高分辨率的成像将有助于更好地理解层状沉积物沉积的时间尺度，并提供有关火星气候历史的重要信息。

　　火星北极的层状沉积物形成了一层 3 000 米厚的积满灰尘的冰。这些层与层之间的差异被认为反映了层形成时火星气候的差异。

　　这幅伪彩色图像是由火星勘测轨道飞行器的高分辨率成像科学实验相机拍摄的，显示了北极顶部层状沉积物和底部深色物质。

　　极地层状沉积物呈现红色，因为其中混合了灰尘。极地层状沉积物富含冰，它们中的水冰可能是导致陡坡顶部附近出现裂缝的原因。极地层状沉积物下面较暗的物质可能是作为沙丘沉积的，这可以从陡坡中央附近的交错层里（曲线的截断）看出。在某些地方，黑暗的沙丘之间似乎沉积着较亮的、富含冰的层。这样的暴露对了解极地层状沉积物中可能记录的近期气候变化很有帮助。

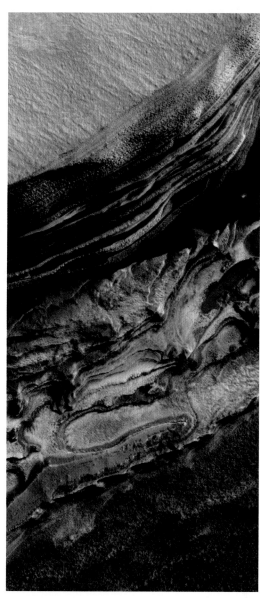

含冰的极地层状沉积物

形如木刻画的层状沉积物

岩石表面纹理多，图案细腻似木刻；
火星盛产艺术品，难怪探火卫星多。

分层结构图像集锦

纹路细腻层次清，不拘一格选造型。
弯曲盘旋样样有，新型艺术已诞生。

第七节　表面确实荒凉

众所周知，火星车是在火星表面运行的，它们所拍摄的图像，就像地球上的人在旅游时所拍的照片一样，都是近处拍摄的。通过这类图像，我们会对火星表面情况了解得更深入。另外我们还要注意到，火星车选择的着陆区域一般都是比较平坦、有可能是古代河床的区域或一些特殊的陨击坑内，环境至少不是恶劣的。但就是在这些区域，通过火星车拍摄的图像，我们也会感到火星非常荒凉，如果在其他区域，情况更可想而知了。如果你曾经有"到火星去安家"的幻想，看了这些图像后，估计你会放弃。还是花大力气把我们地球的环境治理得更好吧！

1. 火星探路者所见

1997 年火星探路者拍摄的"戈壁滩"和远处的双峰

大小石块连成片，一看便知戈壁滩。
近看火星真面目，还当火星为家园？

2. 机遇号所见

机遇号火星探测车设计寿命 3 个月，实际运行近 15 年。

1）林德伯格山（Linderberg mons）

机遇号火星探测车拍摄的林德伯格山

2）火星"岩石公园"

火星"岩石公园"

3）鳏夫山脊（Wdowiak-Ridge）

机遇号火星探测车拍摄的鳏夫山脊

4）维多利亚陨击坑

其直径是耐力陨击坑的 8 倍。2006 年 9 月 26 日，机遇号火星探测车到达了维多利亚陨击坑的边缘，并传送了维多利亚陨击坑的第一张实景照片，包括维多利亚陨击坑底部的沙丘。

维多利亚陨击坑的边缘

5）因代沃陨击坑西脊

2011 年 8 月 4 日，机遇号火星探测车距离因代沃陨击坑的边缘只有 120 米，当它到达时，它对因代沃陨击坑的西北露头进行了探索，然后驶向南边缘。

因代沃陨击坑西脊

6）格里利全景

从刚刚出现的火星车轨迹，到数十亿年前被撞出的陨击坑，机遇号火星探测车上的全景照相机完成的一幅图像，即格里利全景，展示了火星露头周围的红色地带，这个完整的圆形场景结合了 817 张图像。

格里利全景是由安装在桅杆上的彩色摄像机拍摄的，包括前景中火星探测车自己的太阳能阵列和甲板，给人一种坐在火星车顶部欣赏风景的感觉。机遇号火星探测车的科学团队选择将冬季活动的地点命名为"格里利港"，以纪念罗纳德·格里利。

格里利全景

7）马拉松谷

下面这张来自机遇号火星探测车的照片展示了马拉松谷的一部分，这是位于因代沃陨击坑西侧边缘的一个目的地，从马拉松谷北部俯瞰可以看到。

机遇号火星探测车团队选择了马拉松谷作为科学目的地，他们使用火星勘测轨道飞行器上的小型侦察成像光谱仪对这个地点进行了观察，发现了黏土矿物的存在证据，这是研究古代潮湿环境的线索。到机遇号火星探测车探索马拉松谷时，它的行驶距离将超过马拉松比赛的总里程。

马拉松谷

3. 勇气号火星探测车所见

1）博纳维尔陨击坑（Bonneville crater）

2004 年 3 月 11 日，勇气号火星探测车经过 370 米的旅程到达了博纳维尔陨击坑。这个陨击坑直径约 200 米，约 10 米深。喷气推进实验室认为把火星车送进陨击坑是个坏主意，因为他们没有发现里面有什么有趣的目标。勇气号火星探测车沿南缘行驶，继续向西南方向驶往哥伦比亚山。

博纳维尔陨击坑

2）观测哥伦比亚山

　　哥伦比亚山是火星的古谢夫陨击坑内的一系列低矮的山丘。2004年2月2日，哥伦比亚山的7座山峰用在哥伦比亚航天飞机灾难中牺牲的7名航天员命名。勇气号火星探测车花了几年的时间探索哥伦比亚山，直到2010年停止运作。

哥伦比亚山

3）赫斯本德山（丈夫山）

赫斯本德山（Husband Hill）是火星上的一座山，属古谢夫陨击坑哥伦比亚丘陵，位于勇气号火星探测车登陆点附近。它以哥伦比亚号航天飞机指令长里克·赫斯本德的名字命名，赫斯本德于2003年2月1日因航天飞机爆炸遇难。

2005年，作为探索火星任务的一部分，勇气号火星探测车慢慢地爬上了赫斯本德山顶。它于8月22日抵达峰顶，拍摄许多照片，并对峰顶的地表进行了探索。

下面这幅位于赫斯本德山侧翼的勇气号火星探测车的合成图像是利用"虚拟空间存在"技术拍摄的，它将可视化和图像处理工具与好莱坞式的特效相结合。这幅图像是用一个逼真的漫游者模型和一个伪彩色拼图结合而成的。图像中火星车的大小大致是正确的，是根据拼图中火星车轨迹的大小确定的。这幅镶嵌画是由全景相机在火星探险漫游者的第454个火星日（2005年4月13日）拍摄的图像组成的。

利用"虚拟空间存在"技术拍摄的合成图像为观众提供了一种他们自己"虚拟存在"的感觉（就像他们自己在那里一样），这样的视图可以通过增强视角和规模感来帮助任务团队规划探索。

勇气号火星探测车在侧面看赫斯本德山

勇气号火星探测车向南看赫斯本德山

> 孤身来到丈夫山，一片凄凉都可见。
>
> 漫寻火星无生气，只有车轮还能转。

4）低的山脊

低的山脊

4. 好奇号火星车所见

好奇号火星车是 NASA 火星科学实验室辖下的火星探测器,主要任务是探索火星的盖尔陨击坑,为 NASA 火星科学实验室计划的一部分。好奇号火星车在 2012 年 8 月 6 日成功地在盖尔陨击坑内着陆,其主要任务是探测火星气候及地质,探测盖尔陨击坑内的环境是否曾经能够支持生命,探测火星上的水,及研究日后人类探索的可行性。

1)隐藏山谷

好奇号火星车在前往埃俄利斯山的途中,在隐藏山谷拍摄了张照片。该区多种泥岩地层指示为湖床沉积,附近有河流相沉积。解码这些沉积岩形成的历史,以及在什么时期形成的,是确认水和沉积作用形成盖尔陨击坑和埃俄利斯山底部的关键。

隐藏山谷

好奇来此为哪般,破碎石块连成片。
要讲荒凉数火星,若有机会还想看?

2）金伯利地层

好奇号拍摄的火星金伯利地层图像，前景中的地层倾向于埃俄利斯山的底部，这表明水流向一个盆地，该盆地在山的大部分形成之前就已经存在了。

下图是放大版的全景图，它综合了好奇号火星车拍摄的近 900 张图片。图像的视野以南为中心，两端为北。好奇号火星车在"岩巢"的位置，在那里它收集了被风吹来的灰尘和沙子样本。2012 年 10 月 5 日—2012 年 11 月 16 日，好奇号火星车用了 3 台相机拍摄了这些图像。

埃俄利斯山底部的地层

这里无碎石，到处是石板。
用其来修路，省下水泥钱。

3）花园城市

2015 年 3 月，好奇号火星车对下图中间的花园城市遗址纵横交错的脉络结构和组成进行了研究。这样的矿脉是在流体流经裂隙岩石时形成的，在裂隙中沉积矿物并影响周围岩石的化学性质。在这种情况下，矿脉比周围的主岩更能抵抗侵蚀。

花园城市

花园城市放大图

4）埃俄利斯山

火星经常被比作地球上的沙漠，这是有充分理由的：火星几乎是一片贫瘠的土地，到处都是沙子和岩石。有时，火星与地球的相似之处可能相当惊人，好奇号火星车漫游的盖尔陨击坑就是一个很好的例子。火星探险漫游者所在的地区风景优美，有许多让人联想到地球上的山丘和台地。如果不是因为尘土飞扬，粉红色的天空和完全缺乏植被，这个地区很容易被误认为美国西南部。好奇号火星车近距离观察了这些岩层，它们不仅美丽，而且记录了一段漫长而迷人的地质历史。

2016 年 9 月，好奇号火星车在埃俄利斯山附近考察了一些山峰的分层结构和替他特征。埃俄利斯山位于盖尔陨击坑中心，附近分布有一些小山峰。

埃俄利斯山

埃俄利斯山前面的一座孤峰的顶部近景

埃俄利斯山前面的几座孤峰

近距离观察穆雷孤峰的顶部

埃俄利斯山前面两座孤峰之间的区域

火星也有险关口，此处难攻易于守。

虽无滚木有岩石，一夫当关万夫愁。

岩石覆盖的坡地

山坡之上砾石多，随时可以滚下坡。
幸运火星不下雨，不必担心火星车。

孤峰陡坡很薄的分层

坡陡观岩更直接，分层结构看真切。
薄层揭示演变史，这里可曾有湖泊？

巨石和更多的岩层

多片岩石在眼前，如同积木搭起来。

如此造型谁设计，巧夺天工大自然。

第八节　动物造型颇多

火星生命经常出现在群众娱乐中，如火星人。由于火星自然环境与地球相似，且火星气候严寒，缺乏板块构造，无大陆漂移现象，因此地质几乎没有改变。至少有2/3的火星表面拥有35亿年历史，因此很有可能保存生物形成前的状态。这些均引起了研究生命起源的学者对火星的兴趣。

截至2019年年底，人类已经发射了49颗火星探测器，包括轨道器和火星车，遥感及就近拍摄了大量的火星图像。一些对火星生命特别感兴趣的人，非常仔细地查看了各类图像，试图找出"火星人"和"火星动物"的线索。功夫不负有心人，确实有许多"发现"。但正如NASA指出的，这些发现只是一些形状有趣的石头。不过，这些图像也是很有意思的，至少从一个侧面反映了火星表面多样的地质、地理形态。

1. 火星脸

1976年，当海盗1号传回火星表面的图像时，基多尼亚地区的一张布满岩石的面孔吸引了公众的目光。这是光和影的把戏吗？是古代文明的遗迹吗？让我们来看看这些有趣的地形和图像。

火星脸集中的地区——基多尼亚

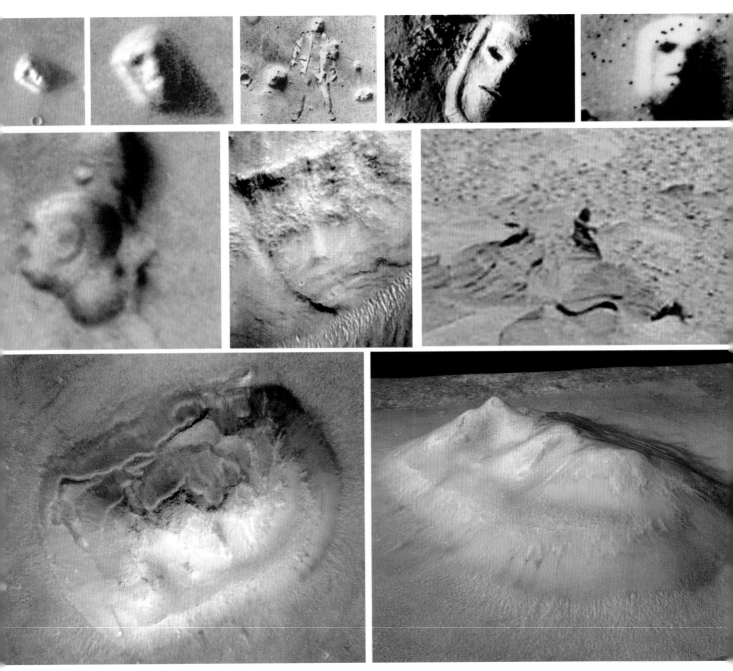

火星脸集锦

当年发现火星脸，科幻作品成倍翻。

如今已是寻常事，奇特造型令人赞。

火星上不仅发现了火星脸，还有火星人和火星心。

火星人

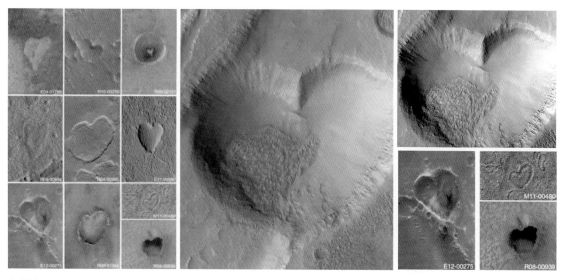

火星心

2. 火星"动物园"

一些对外星生命特别感兴趣的人，非常认真地查看火星车所拍摄的图片，然后把自己的"发现"公布出来，宣称发现了"火星动物"。现在，从熊到螃蟹和企鹅，所有的"动物"几乎在这个红色星球上都发现了。下面列举一部分在火星上发现的"动物"。供读者分析、欣赏。这些图像是火星车拍摄的，但其中的动物是一些人想象出来的。

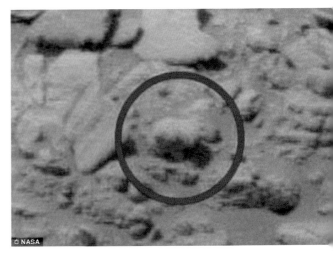

在火星上发现的"熊宝宝"（1）

在火星上发现的"熊宝宝"（2）

在火星上"漫步"的一只"蜥蜴"（1）

在火星上"漫步"的一只"蜥蜴"（2）

在火星上发现的一只"青蛙"

在火星上发现的一只"螃蟹"

在火星上发现的一只"兔子"

崎岖岩石的照片中发现的一只类似企鹅或老鹰的鸟

好奇号火星车拍摄的一只"火星老鼠"

© NASA / ArtAlienTV

沿着盖尔陨击坑的山脊疾走的一只"老鼠"

　　在火星上发现的"动物"还很多，我们就不一一列举了。

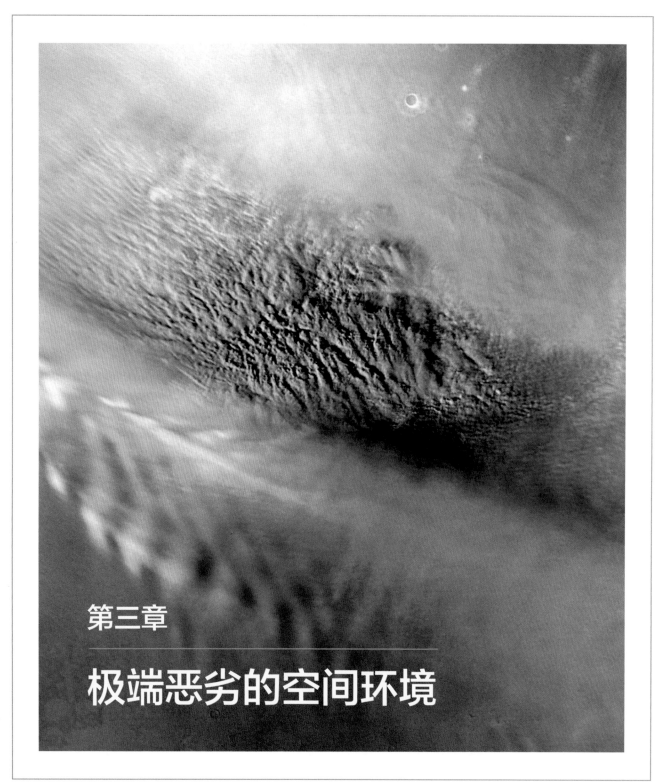

第三章

极端恶劣的空间环境

第一节　大气极度稀薄

　　火星有一个很薄的大气层，火星表面气压很低，只有地球的 0.7%。火星上最高的大气密度相当于地球表面以上 35 千米处的大气密度。火星大气层的主要气体成分是二氧化碳，占 95 .9%；氮气占 1.9%，氩气占 2.0%。而地球大气层中这几种成分的比例分别是 0.035%、78.1% 和 0.9%。且地球大气层含有丰富的氧气，氧气含量占 21%，而火星大气

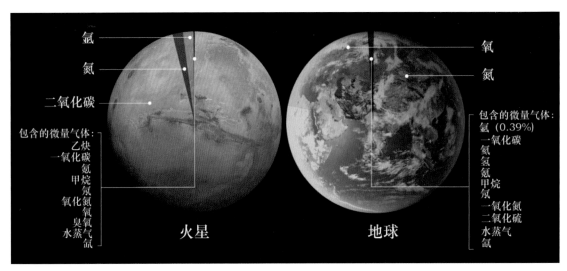

火星大气层与地球大气层比较

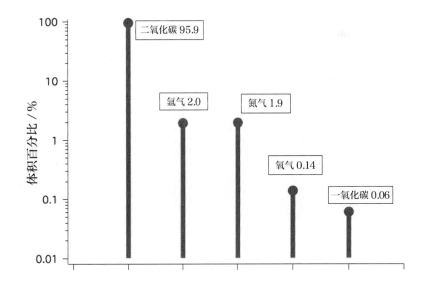

火星大气层主要成分

层中的氧气是微量成分。火星大气层非常干燥，只含有少量水蒸气，这些水蒸气若都变成雨落到火星表面，相当于在火星表面有 10 μm 厚的液态水。臭氧最初只在火星极区被发现，随后在火星低纬地区也观测到，但密度很低。火星上空也经常有云雾出现。

火星表面的平均温度只有 21.5 K，与南极洲内陆相当。由于较低的热惯性，火星低层大气的日温度范围很大（在某些区域地表附近温度可超过 100 ℃）。火星大气上层的温度也明显低于地球，因为火星平流层中没有臭氧，而二氧化碳在高海拔地区有辐射冷却作用。

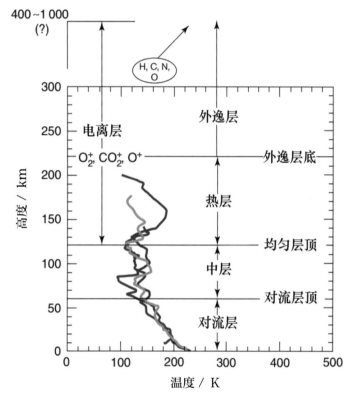

火星大气层温度随高度的变化

海盗 1 号 – 蓝色，海盗 2 号 – 绿色，火星探路者 – 红色

在火星大气层中，氧气是微量气体，氧气的确切含量以前并没有受到关注。好奇号火星车登陆盖尔陨击坑后，连续对盖尔陨击坑坑上空氧气的含量进行了观测，得到了令科学家惊讶的结果。

在火星 3 年（近 6 个地球年）的时间里，好奇号火星车携带的便携式化学实验室的火星样本分析仪（SAM）分析了盖尔陨击坑的空气成分。SAM 得到的结果揭示了火星空气中的分子随全年气压的变化而混合并循环。这些变化是由于二氧化碳气体在冬季冻结在两极，从而在空气中重新分配以维持压力平衡后降低了整个星球的空气压力造成的。当二氧化碳在春季和夏季升华并在火星空气中混合时，它会提高空气压力。

在这样的环境中，科学家发现，氮气和氩气遵循一个可预测的季节模式，在盖尔陨击坑中，相对于空气中二氧化碳的含量，全年的浓度都有起伏。整个春季和夏季空气中的气体含量上升了 30%，然后在秋季回落到已知化学预测的水平。每年春天，这种模式都会重复出现，尽管向大气中添加的氧气量有所不同，这意味着有什么东西在产生氧气，然后又把它带走。

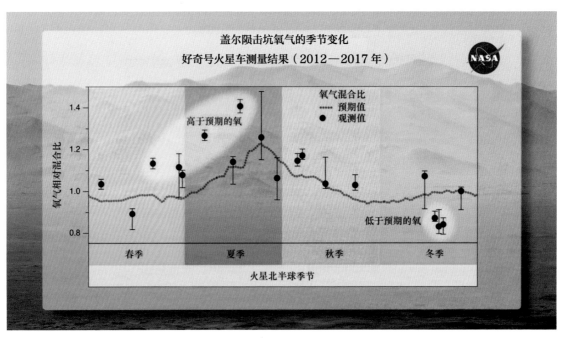

盖尔陨击坑上部空气中氧的季节变化

科学家一发现氧气之谜就试图解释它。他们首先对 SAM 上的四极质谱仪的准确性进行了两次和三次的检查，但仪器很好。他们考虑了二氧化碳或水分子在大气中分解时释放氧气，从而导致了短暂的氧气含量上升的可能性。但是在火星上需要 5 倍以上的水来产生额外的氧气，而二氧化碳的分解速度太慢，无法在这么短的时间内产生氧气。氧气减少了是怎么一回事？氧分子会被太阳辐射分解成两个原子，然后被吹到太空中去吗？不，科学家们得出否定结论，因为至少需要 10 年的时间，减少的氧气才能通过这个过程消失。

事实上，氧气的行为并不是每个季节都完全重复的，这让我们认为这不是一个与大气动力学有关的问题。它肯定是某种化学来源和汇，目前我们还无法解释。

有了新的氧气发现后，研究团队想知道，推动甲烷季节变化的化学物质是否也能推动氧气的变化。至少在某些情况下，这两种气体似乎是同时波动的。

氧和甲烷既可以通过生物方式（例如微生物）产生，也可以通过非生物方式（与水和岩石有关的化学物质）产生。科学家们正在考虑所有的选择，尽管还没有任何令人信服的证据证明火星上有生物活动。好奇号火星车没有能够确定火星上甲烷或氧气来源是生物还是非生物的仪器。科学家们认为，非生物的解释更有可能，而且他们正在努力理解这些解释。研究团队希望其他火星专家能够解开氧气之谜。

氧气含量问题是新发现的一个火星之谜。当前，火星研究的另两个前沿课题是火星甲烷和火星大气层逃逸。关于甲烷问题我们将在第四章介绍。

根据MAVEN（Mars Atmosphere and Volatile Evolution，专家号）探测结果，太阳风和紫外辐射导致火星大气被电离，然后被太阳风带走。通过测量火星大气中氩的轻同位素和重同位素，科学家们已经确定，火星上的大部分空气和水是通过溅射转移到太空中的。在这个过程中，来自火星大气层的离子被太阳风带走，并撞击大气层顶部的其他原子，将它们撞向太空。大气逃逸机制涉及四个方面：离子逃逸、溅射逃逸、光化学逃逸和热逃逸。

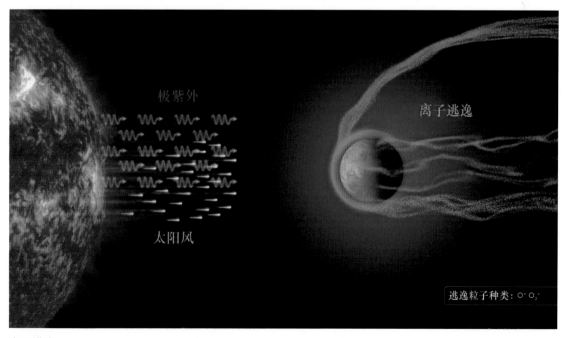

离子逃逸

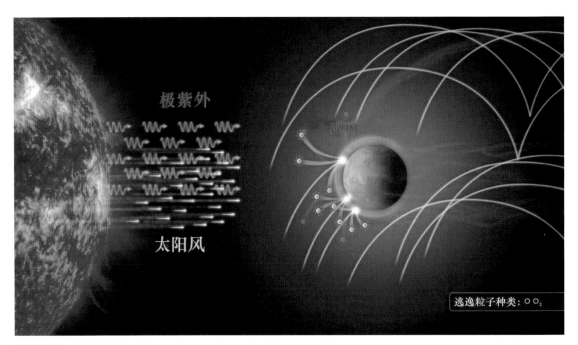

溅射逃逸

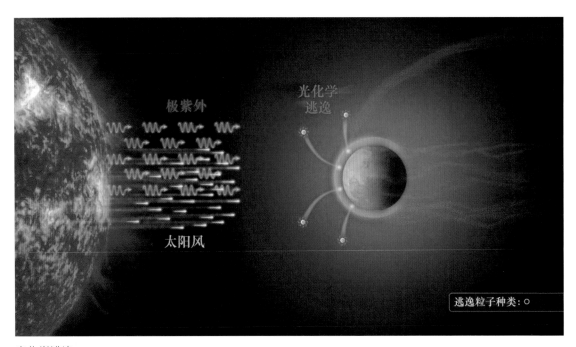

光化学逃逸

　　科学家们通过 MAVEN 和好奇号火星车对氩的轻同位素和重同位素的测量，确定溅射逃逸已经将火星上 65% 的氩气以及大多数其他气体（如二氧化碳）带到了太空中。在数十亿年的时间里，这使火星从一个宜居的星球变成了我们今天看到的寒冷、干燥的星球。

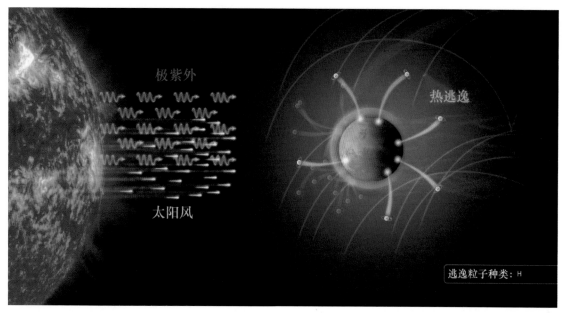

热逃逸

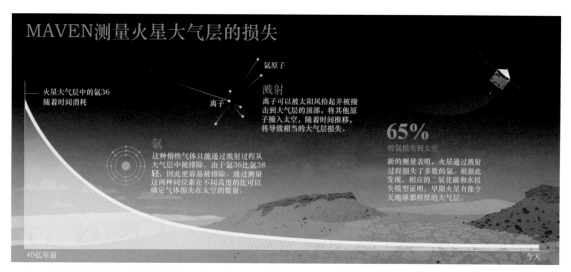

火星大气与挥发性演化任务测量到火星底层大气层损失

　　这幅艺术概念图描绘了火星早期的环境（右图）——据信那时火星有液态水和更厚的大气层——与当前火星上寒冷、干燥的环境（左图）形成对比。MAVEN是在这颗红色星球的轨道上进行的，目的是研究它的上层大气、电离层以及与太阳和太阳风的相互作用。

　　火星虽然大气稀薄，但确实有云存在，如水冰云就类似于地球的卷云。两者都在大气层的高处，经常在地表以上形成冰雾。概括起来说，火星上的云有六种：李波、波云、云街、条纹云、雾或地雾、羽流。不管是火星轨道器，还是火星车，都观测到火星的云。

火星早期的环境与当前环境比较

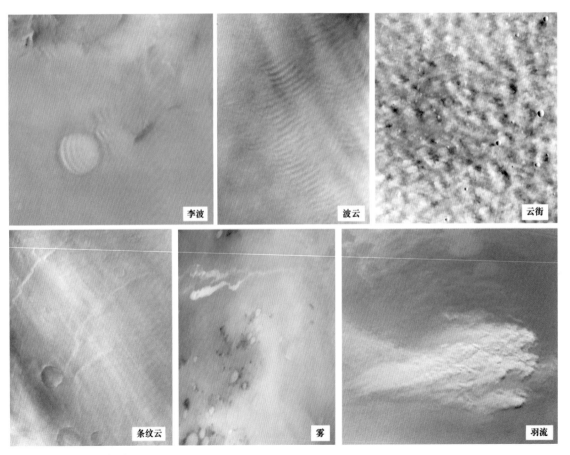

火星上的云的主要类型

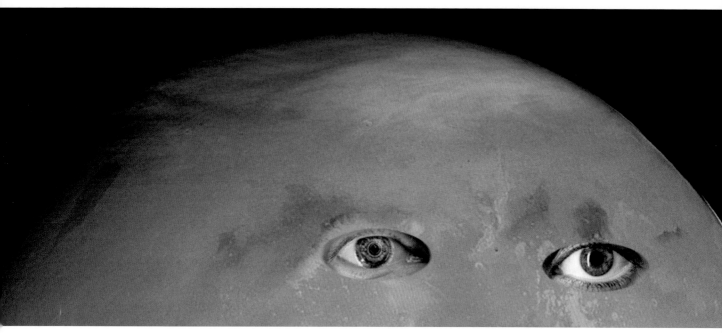

覆盖火星极区的稀薄高云

大气虽薄确实有，请看白云飘过头；

红脸配上白沙帽，如今我也显显酷。

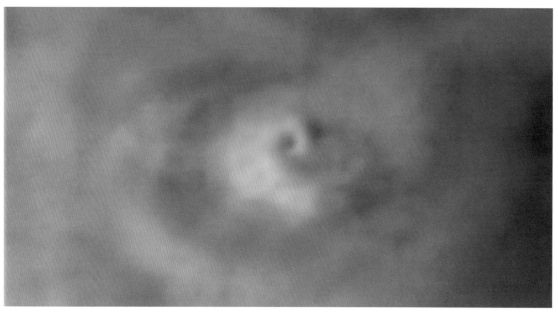

奥林波斯山山顶的云

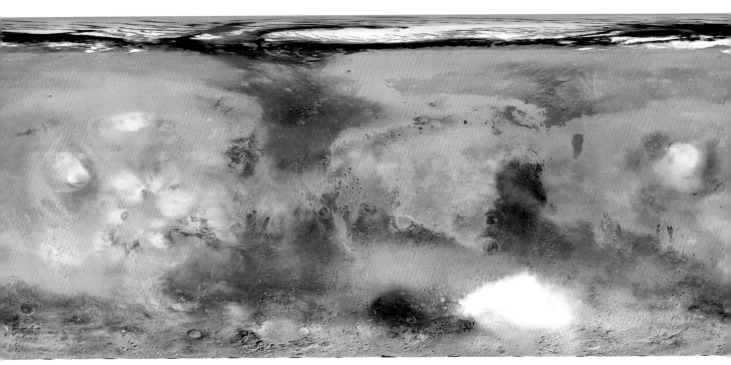

火星全球天气——各区域的云

第二节　沙尘经常肆虐

沙尘暴在火星上很普遍，有时可以用地球上的望远镜观测到，会威胁火星探测器的运行。火星沙尘暴与许多人在从火星发回的图像中看到的尘卷风有很大不同。在火星上，可以在几小时内形成一场沙尘暴，并在几天内席卷整个星球。环绕行星的沙尘暴（全球沙尘暴）在火星上平均每5.5个地球年发生一次。在沙尘暴形成后，可能要数周时间才能完全消散。

所有的火星沙尘暴都是由太阳能驱动的。太阳能加热使火星大气变暖，并使空气流动，将灰尘从火星地面带走。当火星上出现像地球赤道夏季那样的巨大温度变化时，发生沙尘暴的概率就会增加。

令人惊讶的是，火星上的许多沙尘暴都起源于一个撞击盆地。希腊盆地是太阳系中已知最深的陨击坑。它形成于41亿到38亿年前的太阳系后期重轰炸时期，当时一颗非常大的小行星撞击了火星表面。陨击坑底部的温度可能比表面温度高10 ℃，而且陨击坑里充满了灰尘。温度的差异引发了风的作用，风带走了沙尘，然后沙尘暴从盆地中出现。

　　当探测器首次被送往火星时，火星沙尘暴引起了人们的极大关注。早期的探测器恰好在大型沙尘暴期间抵达轨道。1976 年的海盗号任务就经受住了两次大的火星沙尘暴而没有受到破坏。海盗号任务不是第一批在火星沙尘暴中幸存下来的任务。1971 年，水手9 号火星探测器在有记录以来最大的火星沙尘暴期间抵达火星，任务控制人员只好等了几周沙尘暴平息，然后再继续执行任务。在沙尘暴期间，火星车面临的最大问题是缺乏阳光。如果没有阳光，火星车就无法产生足够的能量来保持电子设备足够的温度。如果沙尘暴太强烈或持续时间太长，火星车可能被永久损坏或者致残。

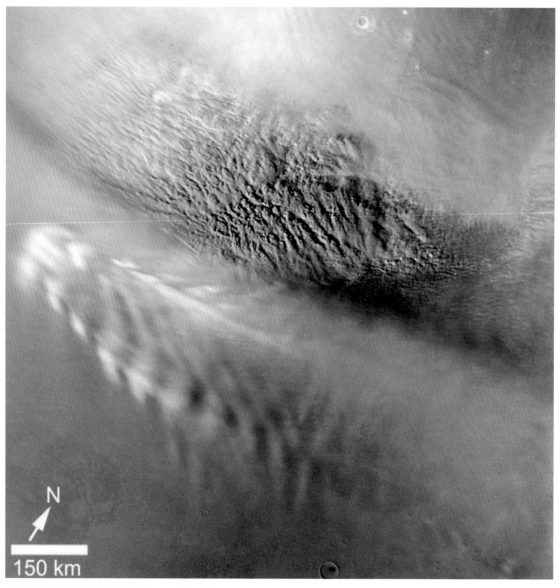

火星勘测轨道飞行器拍摄到的一个沙尘暴

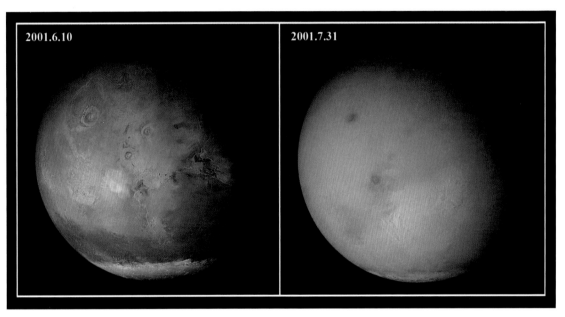

2001 年 6 月下旬，当火星南半球的冬季转为春季时，在火星环球勘测者上的相机捕捉到了沙尘暴开始笼罩火星南半球部分地区的瞬间。这些风暴开始于来自火星南极冰冠的冷空气向北移动到火星赤道的温暖空气。到 2001 年 7 月初，火星全球各地都出现了沙尘暴，尤其是火星南半球。很快，整个行星——除了南极冰盖——都被灰尘笼罩。

火星全球性的沙尘暴

狂风漫卷沙尘，气势汹汹狂奔。
遥看红色星球，峡谷荡然无存。

火星大气中的尘埃有细小的颗粒，使得蓝光比长波光更有效地穿透大气层。这使得来自太阳的混合光中的蓝色更接近太阳的那部分天空，而黄色和红色的散射范围更大。这种影响在日落时最为明显，此时太阳光线通过大气层的路径比正午时更长。因此在日落时，火星的天空颜色与地球的不同，呈现蓝色。

大沙尘暴发生时的火星表面情景

火星上经常发生的尘卷风

不时发生尘卷风，周围情景看得清；

若是变为沙尘暴，遮天蔽日皆朦胧。

火星日落

地球晚霞红彤彤，文人墨客齐赞颂；

火星日落呈蓝色，为何诗人不心动。

第三节　天气干燥严寒

所有行星的天气状况都与太阳以及行星到太阳的距离有关。因此，在介绍火星天气之前，我们先介绍火星在太阳系的位置，以及火星轨道的基本参数。

按照从近及远排列，火星是太阳系的第四颗行星，到太阳的平均距离为 1.52 AU，轨道倾角是 25°，轨道周期为 687 天，自转周期为 24.659 7 小时。同地球一样，火星也有四季之分，但每个季度的时间长度不等。北半球春天（南半球秋天）为 193 天，北半球夏天（南半球冬天）为 179 天，北半球秋天（南半球春天）143 天，北半球冬天（南半球夏天）是 154 天。

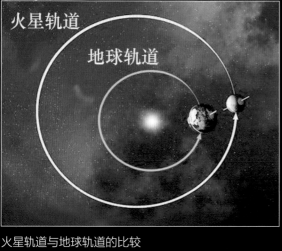

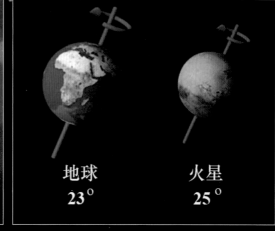

地球
23°

火星
25°

火星轨道与地球轨道的比较

在谈到天气时，人们一般都关注温度和风雨雷电等气象要素。可是在火星上，你根本用不着关心雨，因为火星非常干燥，大气层中含有的水蒸气非常稀少，火星的天气主要关注点在于温度变化、风的大小、有没有沙尘。

火星的大气比地球的要冷。由于离太阳的距离较远，火星接受的太阳能较少，有效温度较低。火星表面的平均温度只有 –63 ℃，与地球南极洲内陆相当，地球的平均温度是 14 ℃。

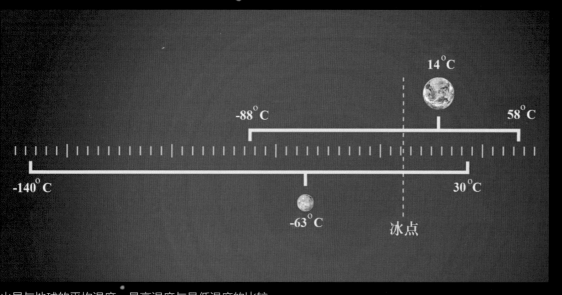

火星与地球的平均温度、最高温度与最低温度的比较

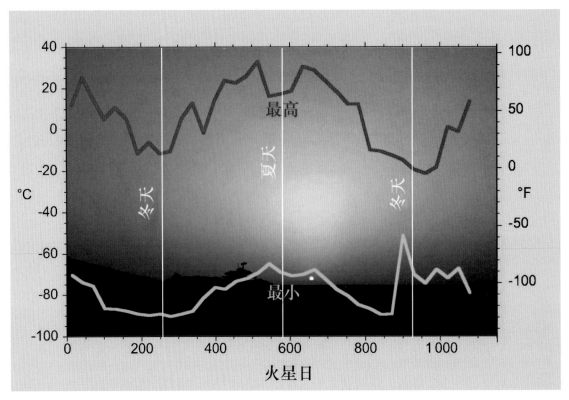

勇气号火星探测车经历的温度变化

就像地球上的风速一样，火星上的平均风速也随着季节而变化。在海盗号着陆的地区，火星夏季的平均风速为每秒 2 ~ 7 米。在秋天，火星上的平均风速增加到每秒 5 米到 10 米。

海盗号的观察发现，当全球性沙尘暴发生时，火星日间温差变化大幅缩小，从 50℃ 缩小到只有 10℃，风速也快速改变，只在一个小时内平均风速就达到每秒 17 米，阵风更达到每秒 26 米。2001 年 6 月 26 日，哈勃空间望远镜拍摄到了希腊盆地正在形成沙尘暴。一日后该沙尘暴爆发并成为全球性事件。低密度的火星大气层的典型风速达到 18 ~ 22 米每秒，可以扬起火星表面的尘埃。但因为火星相当干燥，不像地球的降水会使尘埃落到地面，尘埃在火星大气中悬浮时间比地球长。

在谈到火星沙尘时，我们不能不关注火星土壤。火星土壤是在火星表面发现的精细表层土。它的性质与陆地土壤有很大的不同，包括由于高氯酸盐的存在而产生的毒性。在地球上，"土壤"一词通常包括有机物。相比之下，行星科学家采用一种功能性的土壤定义来区分土壤和岩石。岩石一般指 10 厘米尺度及更大的物体（如碎块、角砾岩、露头），具有较高的热惯性。火星尘埃通常含有比火星土壤更细的物质，其直径小于30微米。

氯元素最初是在旅居者号火星车的局部调查中发现的，并已被勇气号火星探测车、机遇号火星探测车和好奇号火星车证实。2001火星奥德赛也在火星表面检测到了高氯酸盐。

氧化铁的存在使火星表面呈现"铁锈"色，这与红色的火星有关。按重量计算，火星尘埃中大约含有2%的氧化铁。

好奇号火星车拍摄的火星土壤和砾石

远看山峦起伏，近看砾石沙土。
"好奇"都觉好奇，是酷还是荒芜？

第四节　近地环境恶劣

这里所说的近地环境，包括低层大气环境、地表环境以及地表与大气相互作用产生的效应。可以毫不夸张地说，火星近地环境是极端恶劣的。

1. 大气稀薄带来的效应

前面已经介绍了火星大气层的基本情况，这里我们重点介绍大气稀薄带来的效应。由于火星的大气稀薄，太阳一晒，火星的大气就会升温，进而产生空气的移动，也就是风。所以火星的风比较盛行也是与火星的空气稀薄有关的。

在地球上，一般人觉得大气最重要的作用是保证各类动物呼吸。对于火星来说，空气如此稀薄，大气压不可能与人的内脏的压力平衡，因此人必须穿航天服保护。另外，也是由于大气稀薄，不能起到对表面温度的调节作用，使得火星的日夜温差很大。

2. 沙尘暴对人类探索火星的影响

沙尘暴对人类探索火星有直接的影响，受影响最大的是着陆器。着陆器包括着陆平台和漫游器，就是我们通常所说的火星车。火星车受影响的因素包括部件受损和影响科学实验。

2008 年火星上的一场沙尘暴暂时减少了勇气号火星探测车太阳能电池板的阳光照射量，使探测器处于一种脆弱的状态。

对于设计火星设备的工程师来说，灰尘在机器表面和内部的沉降是一个挑战。这种灰尘对太阳能电池板来说是一个特别大的问题。即使只有几米宽的沙尘暴，也能移动足够的灰尘覆盖设备，减少照射到太阳能电池板的阳光照射量。

在科幻片《火星救援》中，航天员马克·沃特尼被困在了火星上。在这个场景中，强大的风撕裂了一个设备上的天线，摧毁了航天员营地的一部分。沃特尼每天花一部分时间清扫太阳能电池板上的灰尘，以确保最高效率，这可能是未来航天员在火星上面临的真正挑战。

积满灰尘，几乎与尘土融为一体的勇气号火星探测车的甲板

勇气探火六年多，沙尘屡屡覆盖车。
而今与尘融一体，且看勇气怎摆脱。

　　沙尘暴还可能产生电流，产生在火星土壤中积累的化学反应。根据美国研究人员的说法，当年海盗 1 号着陆器测试火星土壤是否有生命迹象时，像过氧化氢这样的化学物质可能导致了矛盾的结果。

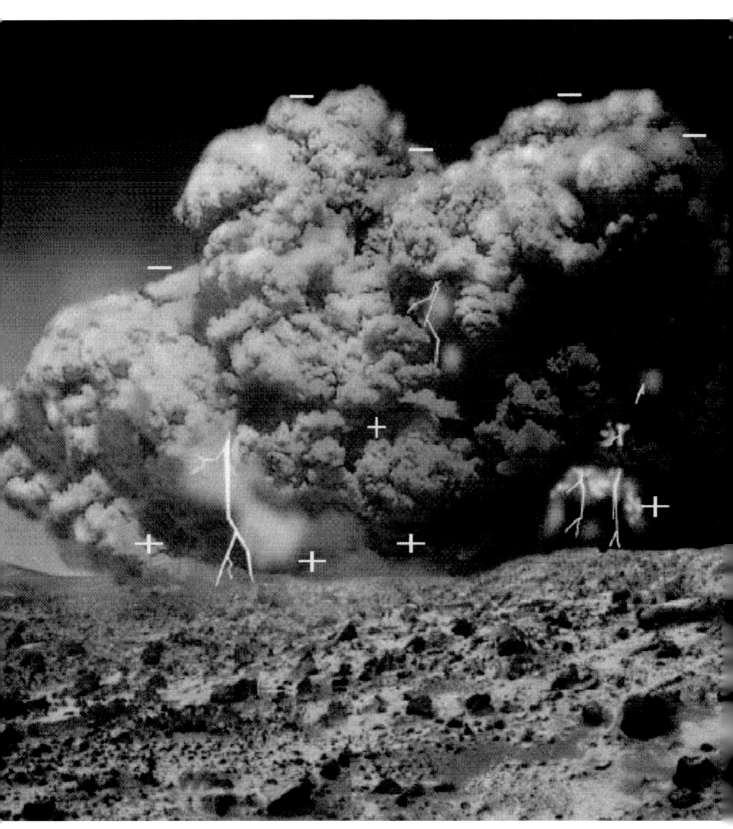

火星上带电沙尘暴的概念图

这是一幅艺术家关于火星上带电沙尘暴的概念图。"+"和"-"分别代表正电荷和负电荷。

1977 年，海盗号的研究人员提出，如果火星土壤中含有一种活性很强的非有机物质，这种物质通过分解养分来模仿生命的活动，那么这种矛盾就可以得到解释。过氧化氢和臭氧（O_3）被认为是可能的反应性化合物。

虽然来自太阳的紫外线辐射可以在大气中产生一定量的活性化学物质，但没有人知道这些活性化学物质在火星土壤中会积累多少。当时的一些研究人员认为，火星沙尘暴可能像地球上的雷暴一样具有电活性，这些沙尘暴可能是新的反应化学的一个来源。

3. 火星表面的辐射环境

2001 火星奥德赛配备了一种名为火星辐射环境实验（MARIE）的特殊仪器，用来测量火星周围的辐射环境。由于火星的大气层如此稀薄，2001 火星奥德赛探测到的辐射剂量与火星表面大致相同。在大约 18 个月的时间里，2001 火星奥德赛探测到的持续辐射剂量是国际空间站航天员所经受辐射剂量的 2.5 倍，在国际空间站每天的辐射剂量为 22 毫

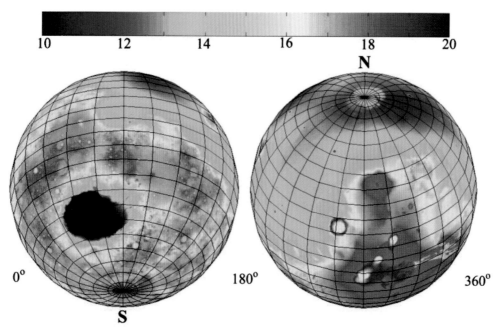

2001 火星奥德赛测量到的火星辐射剂量

拉德，相当于每年 8 000 毫拉德。2001 火星奥德赛还探测到两个太阳质子事件，其中辐射剂量在一天内达到约 2 000 毫拉德的峰值，此外还探测到达 100 毫拉德的事件。相比之下，发达国家的人群平均每年接触 0.62 拉德辐射剂量。虽然研究表明，人体经受 200拉德的辐射剂量不会造成永久性的伤害，但长期暴露在火星上可能会导致各种各样的健康问题，比如急性辐射疾病、增加患癌的风险、遗传损伤甚至死亡。

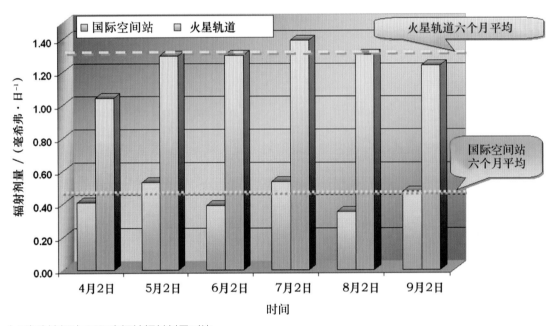

火星辐射剂量与国际空间站辐射剂量对比

4. 火星极度缺水

关于火星上的水，目前也只是在火星极区附近地下发现了小的咸水湖，以及地下冰冻沉积层，火星表面一直没有发现液态水。也不能指望火星降雨，因为火星大气极度稀薄，火星大气压不到地球的 1%，火星的大气层中主要成分是二氧化碳，水蒸气只有0.03%。

虽然在火星表面发现了水冰，但由于火星大气压太低，在绝大多数地区都不可能有液态水。当温度升高时，水冰并不经过液态就升华为气体。

对于未来的载人探测火星来说，液态水是个大问题。火星距离地球遥远，如果连液态水也要从地球输送，那是不现实的，因为来往的旅途就需要大约 14 个月。

5. 何处取氧

在火星稀薄的大气层中，氧含量很低，根本无法满足人和动植物生长的需要。美国的一些公司提出了通过电解水提取氧气的方法，方法是成熟的，问题是液态水从何而来。火星不同于月球，月球虽然几乎没有空气，但月壤中含有丰富的氧。到目前为止，还未见火星土壤含氧的报道。美国 2020 火星探测车携带了一个实验项目，验证从大气的二氧化碳中提取氧的技术。

6. 磁场微弱

很多人都知道地磁场，但不知道地磁场究竟有多强，对人类有什么影响。磁场的强度单位常用特斯拉（T）或纳特斯拉（nT）表示，地磁场的强度在 25 000 ~ 65 000 nT，在四颗类地行星中是最强的。可以毫不夸张地说，地磁场是人类的宝贵财富。为什么这样说呢？因为地磁场有两个重要作用：一是屏蔽来自太阳与银河系的高能粒子辐射作用；二是阻挡太阳风，使这些高速、低能粒子不能进入人类活动的地球空间。

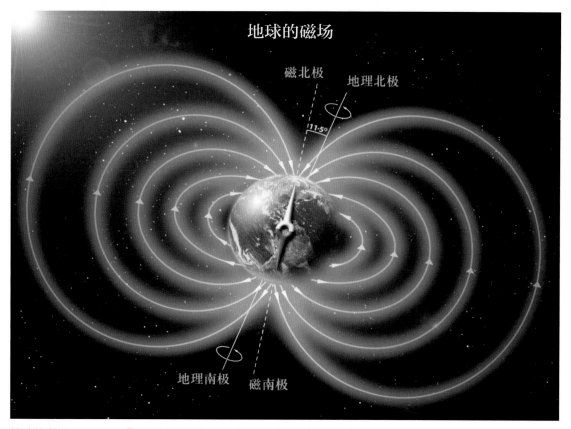

地球的磁场

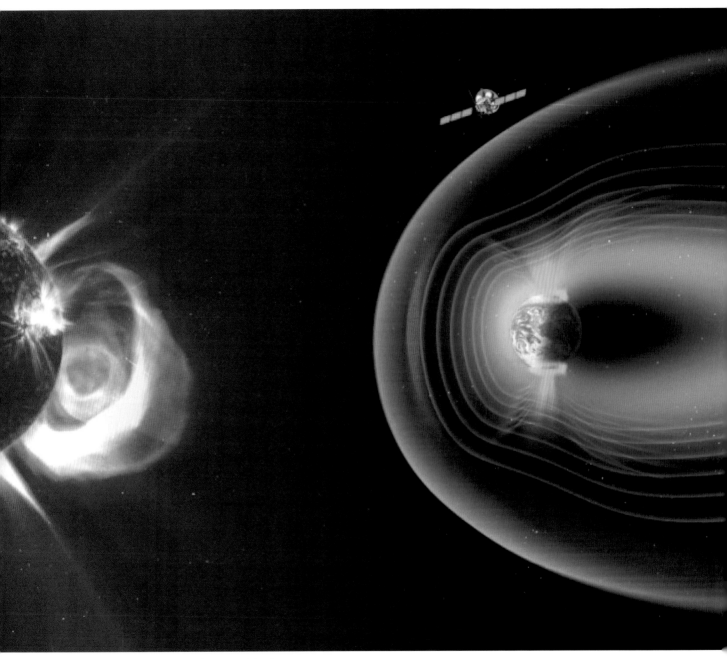

太阳风把地磁场吹变形而形成的磁层

　　与地球不同，火星没有内部发电机来产生一个主要的全球磁场，其磁场总体来说非常微弱，只有 100 nT 左右，既不能屏蔽辐射，也不能阻挡太阳风。因此，在火星表面的辐射剂量很强，火星大气层也不断流失，使得现在的火星大气层非常稀薄。然而，这并不意味着火星没有磁层。火星的磁层比地球的磁层简单得多，范围也小得多。磁层是一

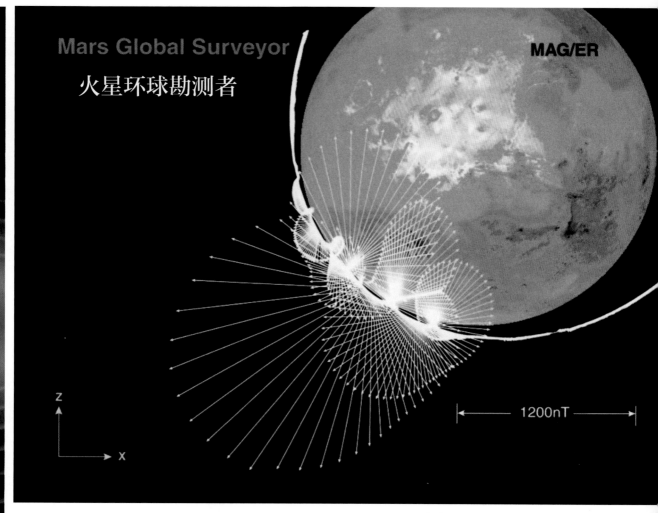

火星环球勘测者观测到的火星磁场

总体磁场极微弱，局部地区异常强；

为何出现离奇事，莫非此处有铁矿？

种阻止带电粒子到达行星表面的屏障。由于通过太阳系的太阳风携带的粒子通常是带电的，磁层就像一个防护屏，抵御太阳风。

虽然火星的总体磁场微弱，但火星局部地区的磁场很强，这可能是由于火星局部地区的壳中含有丰富的磁铁矿。

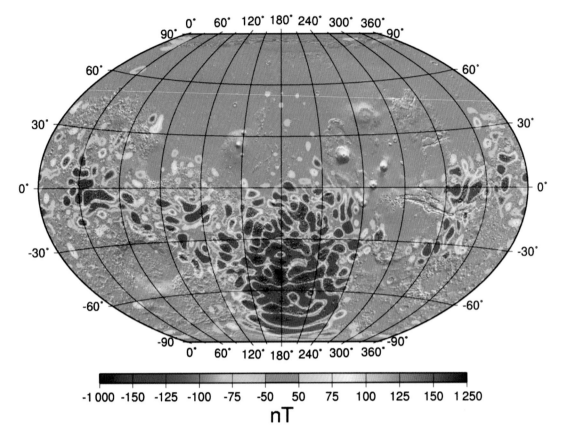

火星环球勘测者观测到的火星径向磁场

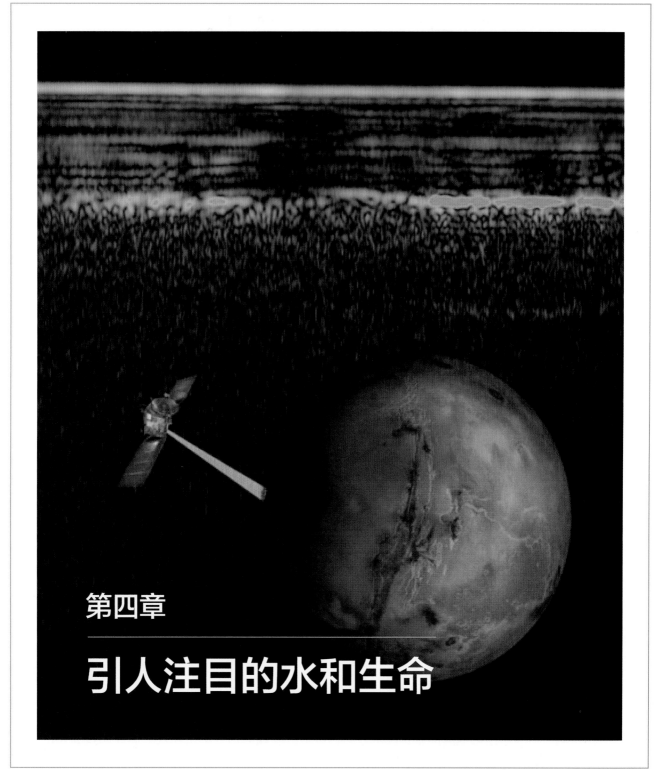

第四章

引人注目的水和生命

　　NASA 为火星探测确定的总体目标是：确定火星上是否曾出现过生命；描述火星的气候特征；描述火星的地质特征；为人类探索火星做准备。从近 10 年的执行情况来看，NASA 始终把在火星上寻找水和生命放在重要地位。

　　了解火星上水的范围和情况对于评估火星上是否可能存在生命以及为未来的人类探索火星提供可用的资源是至关重要的。因此，"跟水走"是 NASA 21 世纪头 10 年火星探测计划的核心科学主题。2001 火星奥德赛、机遇号火星探测车、勇气号火星探测车、火星勘测轨道飞行器和凤凰号火星探测器（Mars Phoenix lander）的发现，有助于回答有关火星上水资源丰富程度和分布的关键问题。火星快车也为这一探索提供了必要的数据。2001 火星奥德赛、火星快车、火星勘测轨道飞行器和好奇号火星车仍在从火星发回数据，继续有新的发现。

第一节　表面多处有水冰

　　火星上几乎所有的水都以冰的形式存在，尽管也有少量的水以水蒸气的形式存在于大气中。火星表面之所以不能存在大量的液态水，是因为那里的平均大气压只有地球的 0.6%，略低于水在其熔点时的蒸汽压。在火星的一般条件下，火星表面的纯水会冻结，如果纯水加热到高于熔点，就会升华为水蒸气。有时观测到在火星浅层土壤中有体积较小的液态盐水，也称为周期性斜坡线，可能是流动的沙粒和灰尘滑下山坡形成的黑色条纹。在火星表面唯一能看到水冰的地方是在北极冰冠和其附近的陨击坑。在火星南极永久的二氧化碳冰冠下以及在更温和条件下的火星浅层地下也存在着丰富的水冰。更多的冰可能被锁在地下深处。

1. 极区附近的沉积层

　　火星快车携带了火星地表和电离层探测雷达（MARSIS），对火星广大地区进行了雷达探测。对火星南极地区的雷达成像表明，该地区存在大面积的沉积层，厚度超过 3 700 千米，层状沉积物主要由近纯水冰组成，只有一小部分灰尘。MARSIS 团队还确定，层状沉积物中冰的总体积相当于在火星上均匀分布 11 米水层。分层矿床的边界是由美国地质调查局的科学家们绘制的。图中心的暗圈是南纬87°的区域，在那里不能收集数据。这幅图覆盖的面积是 17 670 千米 ×1 800 千米。

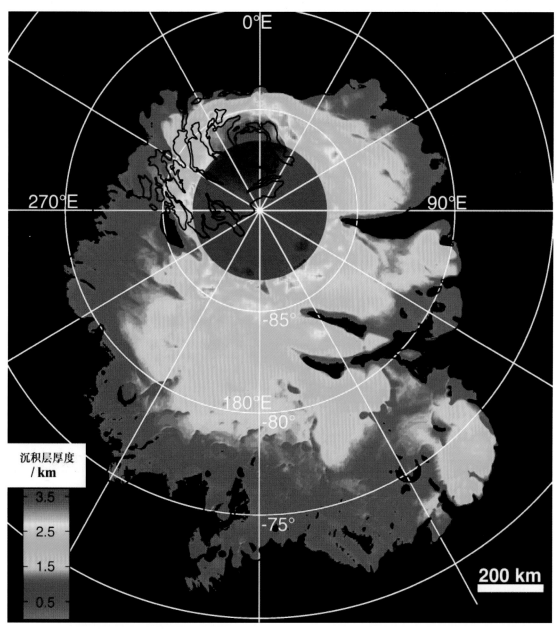

火星快车雷达测量到的火星南极沉积层厚度

火星极区富含冰，藏在地下沉积层。
若将冰层全融化，可乘巨轮全球行。

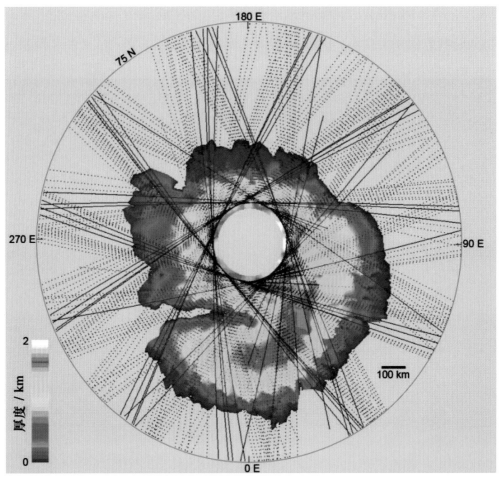

火星勘测轨道飞行器获得的火星北极层状沉积物的厚度图像

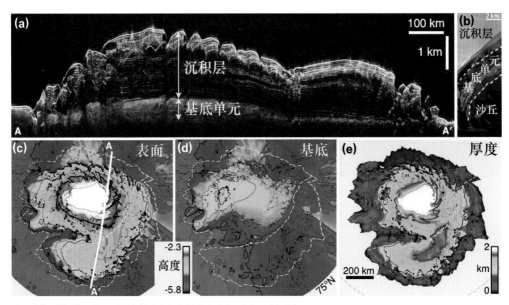

火星勘测轨道飞行器雷达绘制的火星北极沉积层厚度图像

（a）是仪器发出的雷达信号，显示火星北极冰冠的横截面，基于从不同层返回的无线电波回波的时间滞后。在某些地区，穿透雷达探测到覆盖在基底单元上的冰层沉积物。火星北极冰冠横截面的垂直尺寸比水平尺寸扩大了 100 倍。

（b）是来自火星勘测轨道飞行器上的高分辨率成像科学实验照相机拍摄的图像。它显示出在火星北极冰冠边缘附近的层状沉积物和露头的基底单元。比例尺为 2 千米。这是 2006 年 11 月 28 日在火星北纬 83.4°，东经 118.8° 的观测结果。

（c）是由雷达生成的火星北极冰冠表面高程地图。从 A 到 A' 的白线是（a）中雷达图的地面轨迹。黄色虚线表示基底单元（左上角区域）和层状沉积物的范围。（c）和（d）的颜色参考条显示了从低于火星标准参考水平 2 300 米的黄色到低于标准参考水平 5 800 米的紫色的火星基准面高度。

（d）是一幅雷达生成的分层沉积平面图。

（e）是雷达生成的层状沉积物厚度地图，其中图（c）中映射的地表高度与图（d）中映射的基底高度之间的差异。这些层状沉积物的总量为 82.1 万立方千米，约占地球格陵兰冰盖的 30%。200 千米的标尺也适用于图（c）和图（d）。用颜色标注的参考条显示的厚度范围从 2 000 米处的黄色到零厚度处的黑色。

2. 极地冰冠中的水冰

火星极地冰冠含有干冰，这是人们很早就知道的事实。但火星快车对极地冰冠的多光谱成像揭示，极地冰冠也含有水冰。

火星快车的资料显示，2004 年火星南极冰冠平均厚度约 3 000 米，由水冰和干冰组成，干冰的组成比例与纬度有关。极地冰冠由 85% 干冰和 15% 水冰组成。火星极地冰冠的第二个组成部分则是从火星极地冰冠下降到附近平原的陡坡，几乎都由水冰构成。

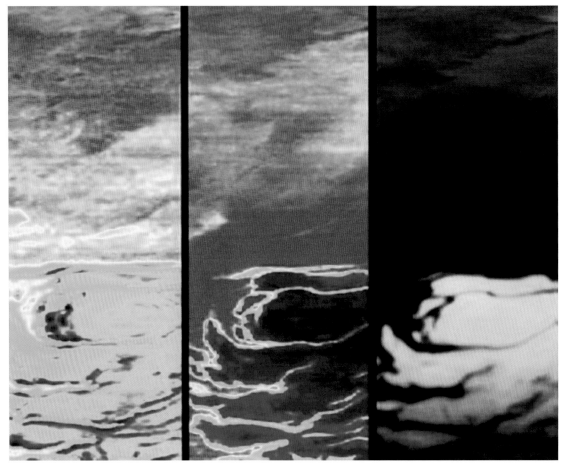

火星快车透视的火星南极冰冠

> 火星极冠是干冰，长期理念已形成。
>
> 快车探测新发现，里面大量含水冰。

3. 极区附近陨击坑中的水冰

极地冰冠附近的陨击坑内部也有许多较小的冰原，其中一些位于厚厚的沙子或火星尘埃沉积物之下。尤其是81.4千米宽的科罗廖夫陨击坑，据估计其表面大约有2 200立方千米的水冰。该陨击坑的底部位于火山边缘下约2 000米处，被1 800米深的中央永久水冰丘所覆盖，中央永久水冰丘的直径可达60千米。

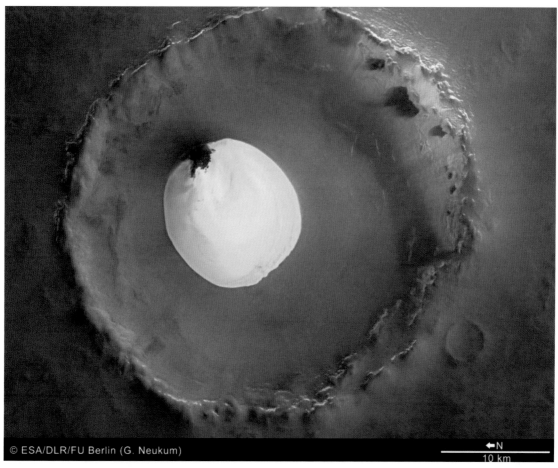

© ESA/DLR/FU Berlin (G. Neukum)
←N
10 km

火星上一个未命名的陨击坑内的水冰

> 陨击坑底露出冰，坑壁表面覆霜层。
> 极区附近确含水，多处发现示佐证。

4. 乌托邦平原区域的地下冰

2016 年 11 月 22 日，NASA 报告称，在火星的乌托邦平原地区发现了大量的地下冰。这张垂直放大的照片显示了火星乌托邦平原地区的扇形凹陷，这是该地区独特的纹理之一，促使研究人员使用火星勘测轨道飞行器上的探地雷达检查地下冰。研究人员确定，在龟裂、坑坑洼洼的乌托邦平原下面结冰的水量，大约相当于地球上五大湖中最大的苏必利尔湖的水量。

　　对该地区水冰体积的计算量基于火星勘测轨道飞行器上的探地雷达仪器SHARAD的测量。研究人员断定，富冰层是由50% ~ 80%的水冰、0 ~ 30%的岩石含量和15% ~ 50%的孔隙组成的混合物。

发现有地下冰的表面地形

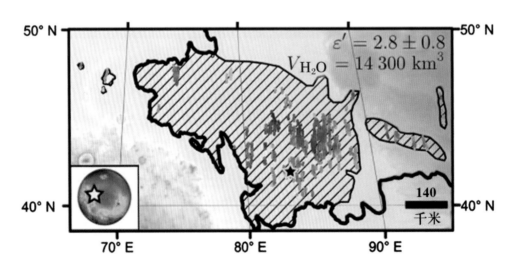

乌托邦平原地下冰分布区域

不愧称为乌托邦，海量水冰地下藏。
储量堪比五大湖，开发远景甚宽广。

5. 全球地下水冰分布

根据火星勘测轨道飞行器和 2001 火星奥德赛的数据，科技人员绘制了水冰在火星地下深度的分布图，这些水冰可在航天员能够到达的范围内，不需要用挖掘机挖冰，只要用铲子就可以得到。

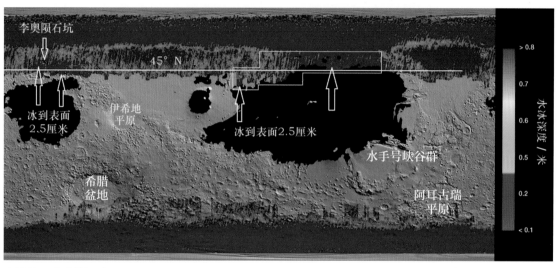

火星地下水冰的深度

黑色区域表示着陆器会陷入细尘的区域，轮廓框代表了理想的区域

最新发现令人惊，浅处蕴藏大量冰。

表面取冰不再难，火星基地易建成。

6. 冰川

冰川在火星表面广大地区形成许多可以被观测到的地形特征。这些地区大多在高纬度，尤其是在伊斯墨纽斯湖（Ismenius Lacus）区被认为仍然有大量的水冰。伊斯墨纽斯湖区的亚尼罗桌山（平顶山）群（Deuteronilus Mensae）、初尼罗桌山群（Protonilus Mensae）都有冰川活动的证据，从而引起了科学家的特别关注。

亚尼罗是火星上一个直径 937 千米的区域，其中心位于北纬 43.9°，西经 337.4°。该地区有平顶多节的地形，可能是在过去某个时期由冰川形成的。冰川在现代仍然存在，据估计至少有一个冰川是在 10 万到 1 万年前形成的。火星勘测轨道飞行器上的雷达最近的证据显示，亚尼罗部分地区确实含有冰。

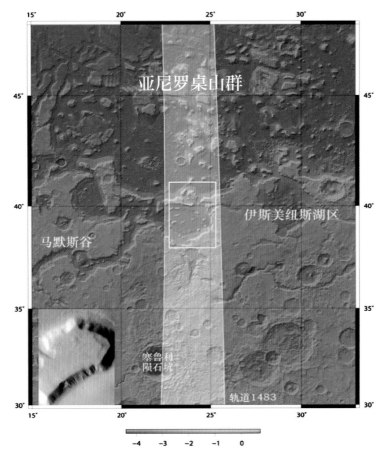

亚尼罗桌山群位置

亚尼罗地区富含冰的表面

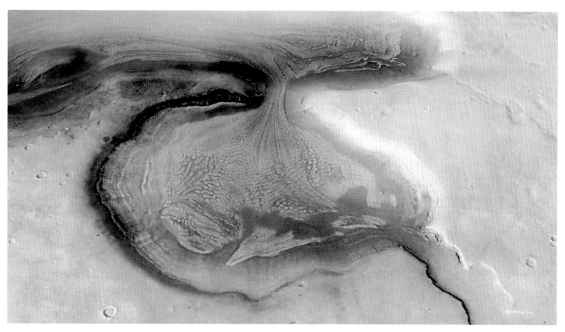

亚尼罗地区一座 900 千米宽的冰川

巨大冰川像座山，尺度大到近一千。

待到冰川融化时，可灌万亩火星田。

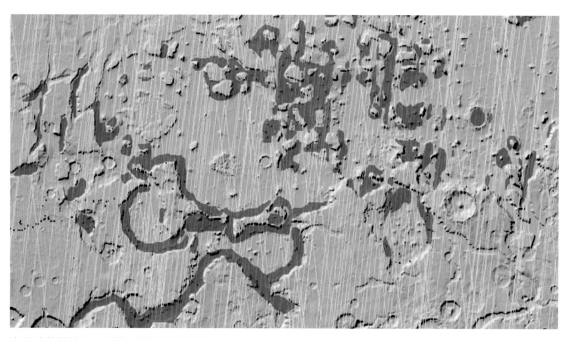

由雷达获得的亚尼罗地区地下冰沉积位置

美杜莎堑沟群（Medusae Fossae）是火星赤道上绵延约 5 500 千米的独特沉积构造，成因至今仍未明了。

美杜莎堑沟群是一种软质、易受侵蚀的矿床，沿火星赤道（不连续地）延伸 5 000 多千米。它的面积相当于美国大陆面积的 20%。有时，美杜莎堑沟群的地层看起来是平滑的、平缓的起伏表面，但在某些地方，则被风吹成山脊和沟槽。雷达成像表明，该地区可能包含非常多的多孔岩石（例如火山灰）或者总量与火星极地冰冠相当的深层冰川。2001 火星奥德赛中子谱仪数据的分析显示，美杜莎堑沟群的西瓣含有水，意味着这个地层中含有大量的水冰。在高倾角（倾斜）时期，水冰在表面是稳定的。

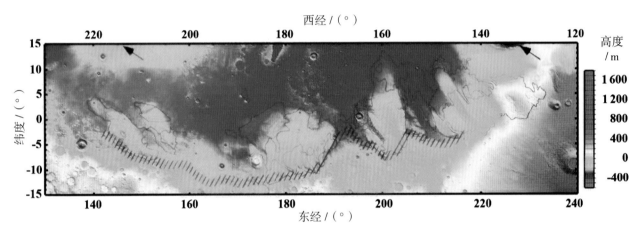

美杜莎堑沟群的走向

万里堑沟不寻常，巨大冰川里面藏。
沿着赤道皆有水，改造火星有希望。

7. 赤道区的冻结海洋

火星南半球的埃律西昂平原（Elysium Planitia）已经被观测到一些与流冰有关的地表特征，这些被观测到的片状区域约有 30 千米长、30 千米宽，位于一些河道之中。这些片状区域有破碎与旋转的特征，和其他熔岩形成的片状区域有明显差异。水流被认为是来自附近的刻耳柏洛斯堑沟群（Cerberus Fossae）的断层，估计该断层喷出水的时间维持 200 万 ~ 1 000 万年，但并不是所有研究人员都同意这种说法。

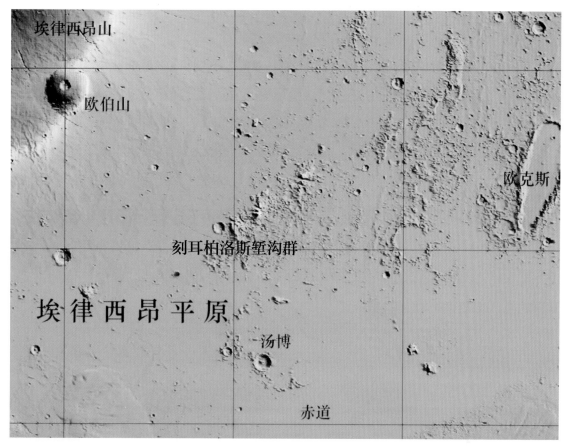

埃律西昂平原

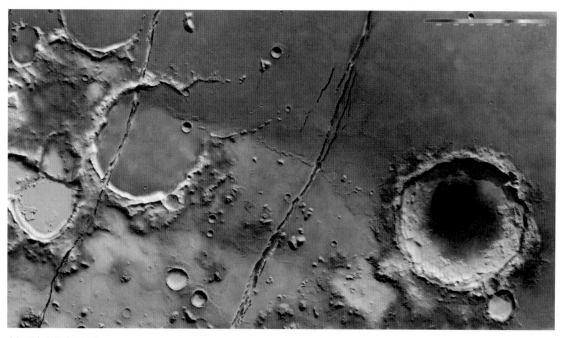

刻耳柏洛斯堑沟群

8. 中子谱仪与伽马射线谱仪观测结果

2001 火星奥德赛搭载的中子谱仪和伽马射线谱仪已经在火星全球范围内观测到大量的表面氢。这种氢被认为纳入了冰的分子结构中，通过化学计量学的计算，观测到的通量被转化为火星表面上 1 米高的水冰浓度。这一过程表明，在目前的火星表面上，冰既广泛又丰富。在火星南纬 60° 以下，冰主要集中在几个地区，特别是在埃律西昂山、萨拜厄斯大陆和锡伦大陆的西北部，地下冰的浓度高达 18%。在火星北纬 60° 以上，冰层非常丰富。在火星北纬 70° 的北极，几乎所有地方的冰浓度都超过了 25%，在火星两极冰浓度接近 100%。火星快车以及火星勘测轨道飞行器上的雷达测深仪也证实了火星个别地区富含冰。由于目前火星表面已知的冰的不稳定性，人们认为几乎所有的冰都被一层薄薄的岩石或灰尘物质所覆盖。

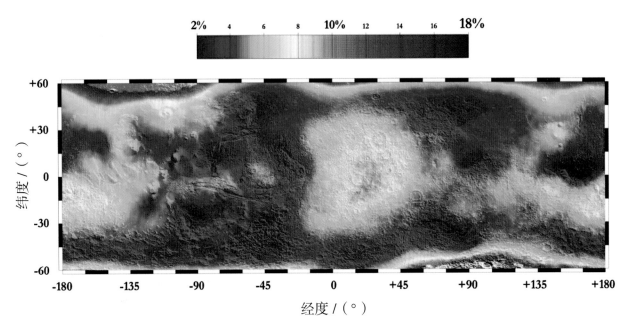

基于超热中子通量计算得出的火星全球水冰分布

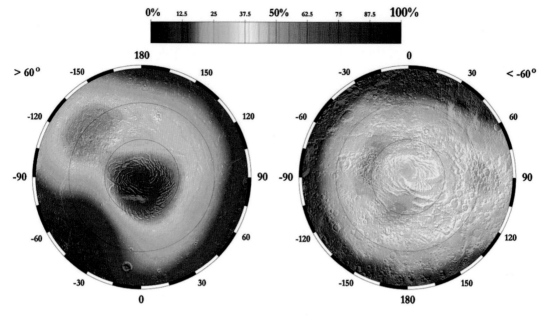

基于超热中子通量计算得出的火星极区水冰分布

> 水冰不是个别地，全球多处有踪迹。
>
> 待到火星升温时，多处可见碧水池。

第二节 液体咸水地下藏

2018 年 7 月，意大利航天局（Agenzia Spaziale Italiana，ASI）报告称，在火星上发现了一个冰下湖泊，位于火星南极冰冠下 1 500 米处，宽约 20 千米，这是火星上第一个液态水稳定存在的证据。火星湖的证据来自 2012 年 5 月—2015 年 12 月火星快车上的 MARSIS 雷达回波探测数据中的一个亮点。探测到的湖泊位于南纬 81°，东经 193° 的中心，这是一个平坦的区域，没有任何特殊的地形特征，但被较高的地面包围，除了东部有洼地。火星勘测轨道飞行器上的 SHARAD 雷达没有发现这个湖的任何迹象。SHARAD 的工作频率是为更高的分辨率而设计的，但穿透深度较低，因此如果上面的冰含有大量硅酸盐，SHARAD 将不太可能探测到假定的湖泊。

因为极地冰冠底部的温度估计为 −68 ℃，科学家认为，水可能通过镁和高氯酸钙的防冻作用保持液态。覆盖在湖面上的 1 500 米的冰层由水冰和 10% ～ 20% 的混合灰尘组成，季节性地覆盖着 1 米厚的一氧化碳层。

由于南极冰冠的原始数据覆盖范围有限，发现者声明"没有理由断定火星上存在的地下水仅限于一个地点"。

火星南极冰冠下的水体位置

火星南极冰冠的地下液体湖

首次发现液体湖，火星岂能只一处。

若要全球结硕果，生命更应引关注。

第三节 远古水量很丰富

多年的火星探测数据表明，火星曾经有丰富的液态水、宽广的河流及温暖潮湿的气候。

1. 宽广的外流河道

外流河道是火星表面非常长和宽的冲刷地面，通常包含流线型的残余、泪滴状的岛屿和其他被侵蚀的特征。河道绵延数百千米，宽度通常超过 1 000 米，最大的河道卡塞峡谷群大约 3 500 千米长，超过 400 千米宽，以超过 2 500 米的深度插入周围的平原。

目前，在火星上发现的长度超过 500 千米的外流河道就有近 30 条，特大河道主要集中在克律塞平原区。

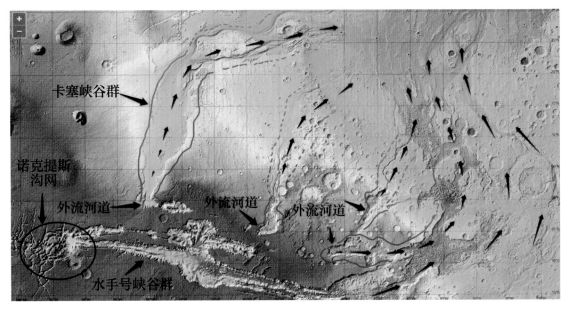

外流河道集中区

> 百川归大海，火星也依然；
>
> 条条古河道，齐聚北平原。
>
> ＊火星的大北海是由克律塞平原和阿西达利亚平原等五个平原构成的。

火星上最著名的外流河道是卡塞峡谷群、蒂乌峡谷群和阿瑞斯峡谷，这三条河道的水都流入克律塞平原。

卡塞峡谷群位于塔尔西斯突出部的东部，可能是火星上最大的外流河道。和其他类似的河道一样，它也是由液态水冲刷而成的，这些液态水可能源自塔尔西斯突出部和构造活动的巨大洪水。

卡塞峡谷群绵延 2 400 千米，穿越卢娜高平原，从靠近水手号峡谷群的厄科深谷开始，注入克律塞平原，离 1976 年海盗 1 号着陆器着陆的地方不远。通过研究卡塞峡谷群及其周围环境，科学家们发现了几次洪水和可能还有冰川活动的证据。

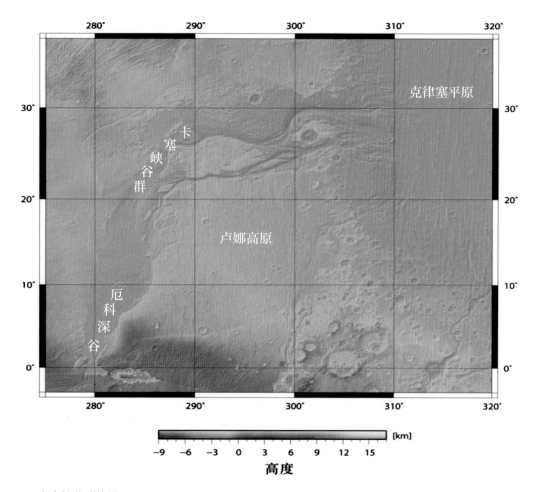

卡塞峡谷群位置

2001 火星奥德赛拍摄的卡塞峡谷群的一部分

在大约 36 亿～ 34 亿年前，塔尔西斯地区的火山活动、构造运动、地质坍塌和下陷导致了厄科深谷的数次大规模地下水释放，随之而来的洪水淹没了卡塞峡谷群地区，这些古代大型洪水在火星地表留下了今天还能见到的痕迹特征。巨大的伍斯特陨击坑（Worcester Crater）在洪水的侵蚀中保存了下来。该陨击坑宽度达 25 千米，周围大部分物质都被侵蚀，但下游位置还保留着部分遗迹。

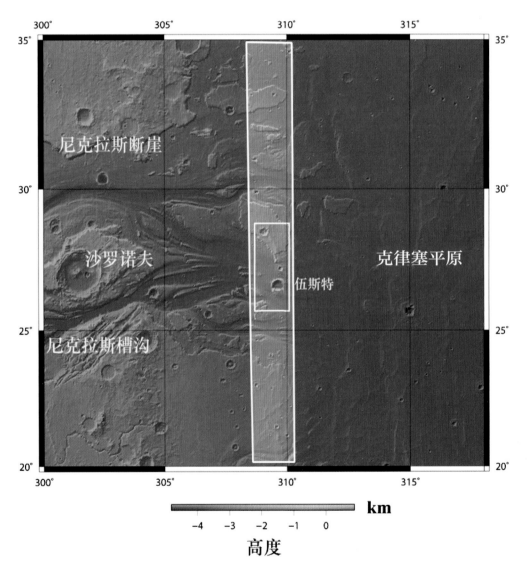

伍斯特陨击坑位置

火星快车拍摄的高分辨率图像，显示了卡塞峡谷群系统（上部地区）和卢娜高原之间的边界。卡塞峡谷群从水手号峡谷群附近向北延伸，流入北部低地／海洋盆地。在过去，巨大的水流冲刷了这个杂乱的地形，也侵蚀了图像右侧直径 56 千米的陨击坑的上壁，涉及的水量是地球上亚马孙河流量的几千倍。

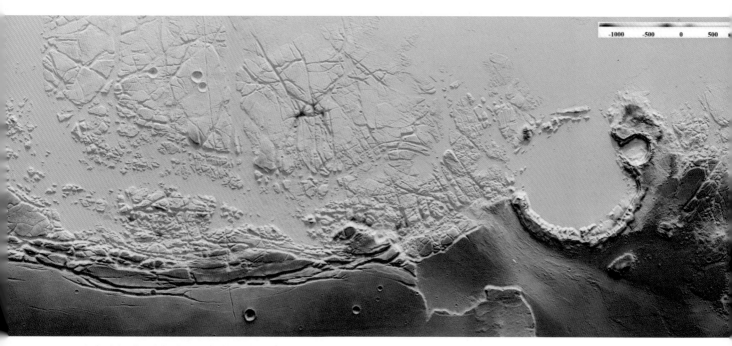

卡塞峡谷群和卢娜高原之间的边界

> 滔滔河水向北流，冲坏坑壁不停留。
> 无数河滩难阻挡，浩浩荡荡不回头。

阿瑞斯峡谷，亦称战神谷，位于火星克律塞平原东南方，名字来自古希腊神话中的战神阿瑞斯。该峡谷有被水流侵蚀的特征，代表水可能曾经存在于火星。

阿瑞斯峡谷从多丘陵的珍珠台地向西北"流"出，途经亚尼混杂地（Iani Chaos）的外流河道汇入此谷，最终流入克律塞平原，全程 1 700 千米。阿瑞斯峡谷是火星探路者的着陆点，该探测器于 1997 年研究了与克律塞接壤的山谷地区。阿瑞斯峡谷与蒂乌峡谷群相邻，长度也相近。下页图是 2001 火星奥德赛拍摄的外流河道，图像左侧是蒂乌峡谷群，右侧是阿瑞斯峡谷。

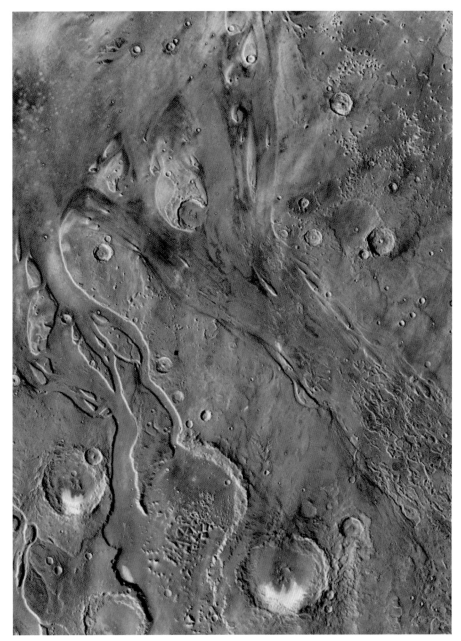

2001 火星奥德赛拍摄的外流河道

宽达百千米，奔驰一千七；

结伴蒂乌谷，流量大无比。

冲毁陨击坑，涛涛向北极。

水源自南方，绵延超万里。

目前我们还不知道这个河道是否曾有水或有多少水，如果按河道大小估算，图中所示河道的流量将是地球上密西西比河流量的 1 000 ~ 10 000 倍。

从上游的阿瑞斯峡谷看过去，宽阔的河道几乎消失在风景中，尽管这里大约有 100 千米宽。在图像中间偏左的地方，一个名为奥莱比（Oraibi crater）的陨击坑部分被毁，它位于河道中部岛屿的顶端，被洪水冲刷成泪滴状。这里没有像许多大型陆地河流那样狭窄蜿蜒的河道，表明这里的洪水规模巨大，但时间很短。

阿瑞斯峡谷和它西边的邻居蒂乌峡谷群一起，从高地向北流入广阔的黄金平原——克律塞平原。这两条渠道都是通过不同来源的地下水流出来的。

蒂乌谷位于下图的左侧，连接上游的两个区域，那里的山和台地混杂在一起。行星地质学家认为，这种"混沌地形"表明地下水在一次或多次喷发中涌出，造成地面塌陷。

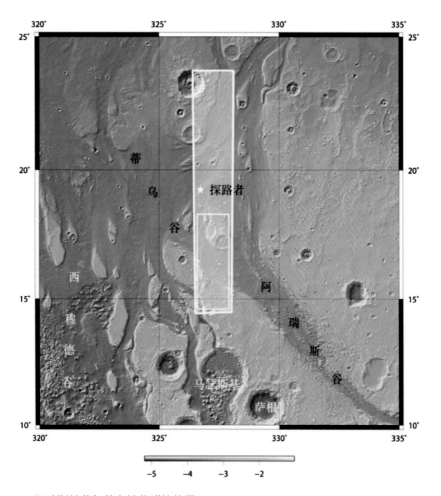

阿瑞斯峡谷与蒂乌峡谷群的位置

阿瑞斯峡谷有几个来源，其中包括阿拉姆混杂地（Aram Chaos）——一个直径 500 千米的旧陨击坑或盆地。自从科学家们在火星勘测轨道飞行器上使用热发射光谱仪（TES）在陨击坑混乱的沉积物中发现了赤铁矿之后，阿拉姆混杂地引起了广泛的关注。赤铁矿是在水的作用下形成的，表明在陨击坑形成之后至少有一个湿润的气候时期。阿拉姆混杂地东部边缘的一个小裂口显示，从那里涌出的地下水冲破阿瑞斯峡谷并流出。

> 阿瑞斯谷水源丰，混沌洼地陨击坑；
> 漫长水系七千里，太阳系中都出名。

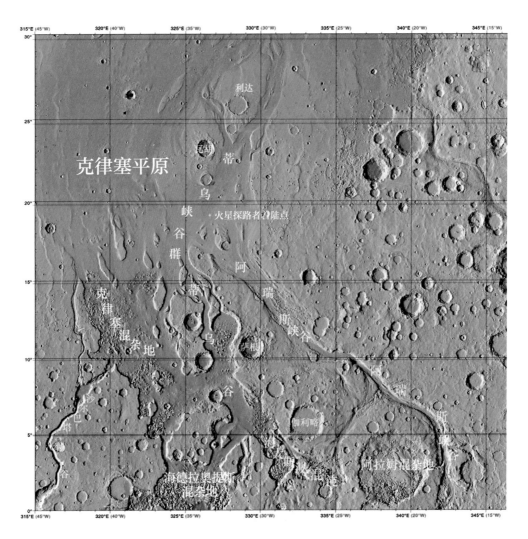

阿瑞斯峡谷及其周围地形

然而，即使是这些来源也不太可能是阿瑞斯峡谷和蒂乌峡谷群的最终来源。从阿拉姆混杂地向南，有一长串的陨击坑、洼地和混沌地形，这些地形由河道和溢洪道相连，一直延伸到阿拉伯台地。这条被称为乌兹博伊-霍尔登-拉冬-珍珠混杂地（Uzboi，Ladon，Movava，and Margaritifer Chaos）系统的漫长水道，从这里向南延伸约 3 500 千米一直到阿耳古瑞平原的边缘。

前面我们提到了杂地这个词，杂地地区是水的源，没有水也就没有外流河道。

2013 年，在英国伦敦举行的欧洲行星科学大会上，一项新的研究报告结合了对陨击坑的卫星照片以及冰的融化过程，提出了由此产生的灾难性外流的模型。该模型认为，大约 35 亿年前，原始的阿拉姆陨击坑被埋在 2 000 米厚的沉积层下的水冰部分填满。这一层将冰与地表温度隔离，但由于地球释放的热量，它在数

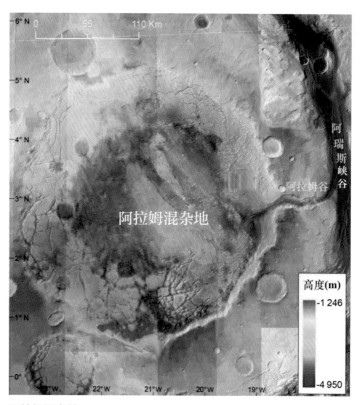

阿拉姆混杂地

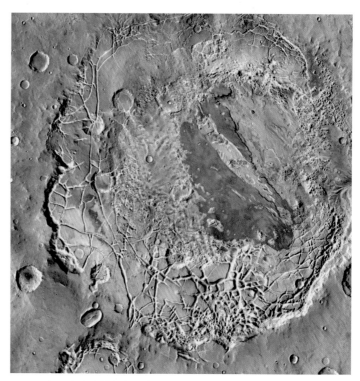

2001 火星奥德赛拍摄的阿拉姆混杂地

百万年的时间里逐渐融化。覆盖在液态水上的沉积物变得不稳定并崩塌。10万立方千米的液态水被大量排出，其体积是地球上最大的淡水湖贝加尔湖的4倍。在大约一个月的时间里，液态水冲刷出了10千米宽、2千米深的山谷，在阿拉姆陨击坑里留下了杂乱的石块图案。一个令人兴奋的结果是，岩石－冰盖可能仍然存在于地下。这些从未达到融化条件，或融化较低的薄层，不足以导致完全崩溃事件。埋藏的冰湖证明了火星正在迅速变成一个寒冷、冰冻的星球。这些湖泊可能会为生命提供一个潜在的有利场所，保护它们免受火星表面有害的紫外线辐射。

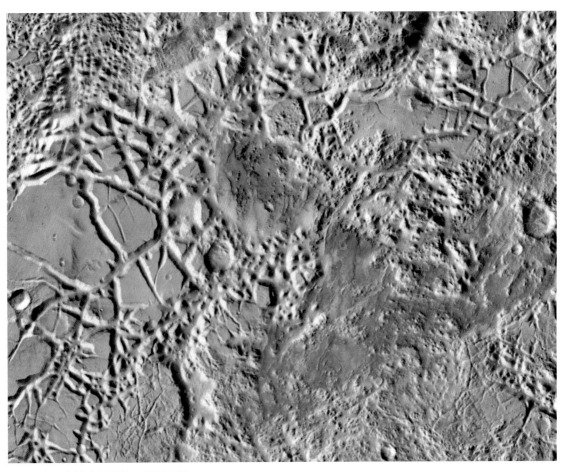

2001火星奥德赛拍摄的亚尼混杂地

火星地形何最奇，混沌当然数第一；
山脊裂缝样样有，坑底碎片如稀泥。

作为阿瑞斯峡谷另一个水源的是亚尼混杂地，火星上已知直径最大的混沌是奥罗拉混杂地。

亚尼混杂地就像一块破碎的岩石板，其破碎的外表使科学家们在几年前将它归类为"混沌地形"。无论科学家们在哪里看到混沌的地形，都会看到灾难性洪水的迹象。在这种地形重建的过程中，地质断层撕裂了亚尼混杂地的表面，大量的地下水被释放出来。水的流失导致土地下沉、崩塌和侵蚀，留下了今天我们看到的荒地。

水在亚尼混杂地中的作用是引起科学家兴趣的最大因素。亚尼混杂地的主要图像是由 2001 火星奥德赛轨道飞行器上的热发射成像系统（THEMIS）拍摄的红外照片拼接而成。除了塌陷的地表，另外两个绕火星飞行的航天器上的仪器也发现了火星上存在大量水的矿物学证据。火星环球勘测者上的热发射光谱仪在亚尼混杂地发现了赤铁矿。不久之后，火星快车上的光谱仪在许多热发射光谱仪发现赤铁矿的地方发现了硫酸盐矿（可能是石膏）。赤铁矿和硫酸盐矿物都需要大量的水才能形成。

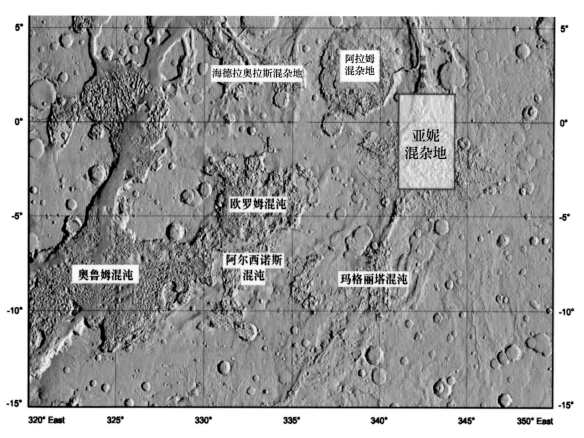

亚尼混杂地的位置及周围的混沌地形

　　亚尼混杂地也不是阿瑞斯峡谷最南面的水源。从亚尼混杂地往南，还有珍珠混杂地（Margaritifer Chaos）和拉冬峡谷群，连接到霍尔登陨击坑。

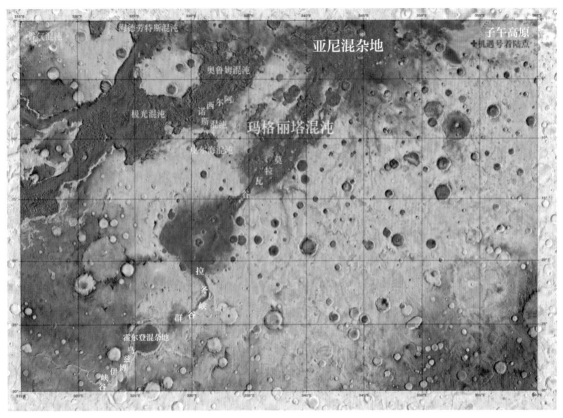

阿瑞斯峡谷南面的混沌地形与河谷

　　有人认为，乌兹博伊峡谷、拉冬峡谷群、珍珠混杂地和阿瑞斯峡谷虽然现在被巨大的陨击坑分开，但曾经是一个向北流入克律塞平原的单一出口通道。这个流出物被认为是从阿耳古瑞凹地群流出的，阿耳古瑞凹地群以前是由 3 条水道从火星南极流下来的湖泊，这 3 条水道分别是苏里尤斯峡谷（Surius Vallis）、泽盖峡谷（Dzigai Vallis）和帕拉科帕斯峡谷（Pallacopas Vallis）。如果真是这样，这个排水系统的全长将超过 8 000 千米，是太阳系已知最长的排水路径。根据这一理念，外流河道阿瑞斯峡谷现存的形式将是对原有结构的改造。这条长长的水流路径被命名为乌兹博伊 – 拉冬 – 摩拉瓦外流河道系统。这个系统可能帮助形成了阿瑞斯峡谷。

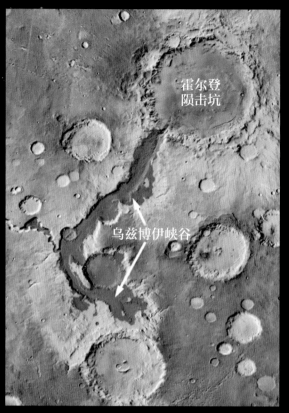

霍尔登
陨击坑

乌兹博伊峡谷

乌兹博伊峡谷

阿瑞斯峡谷

玛格丽塔混杂地

拉冬盆地

拉冬谷

霍尔登陨击坑

乌兹博伊峡谷

阿耳古瑞
凹地群

帕拉科帕斯峡谷

苏里尤斯峡谷　泽盖峡谷

根据前面的分析，我
们可以概括火星几条最大
的外流河道系统。

火星的巨大输水系统

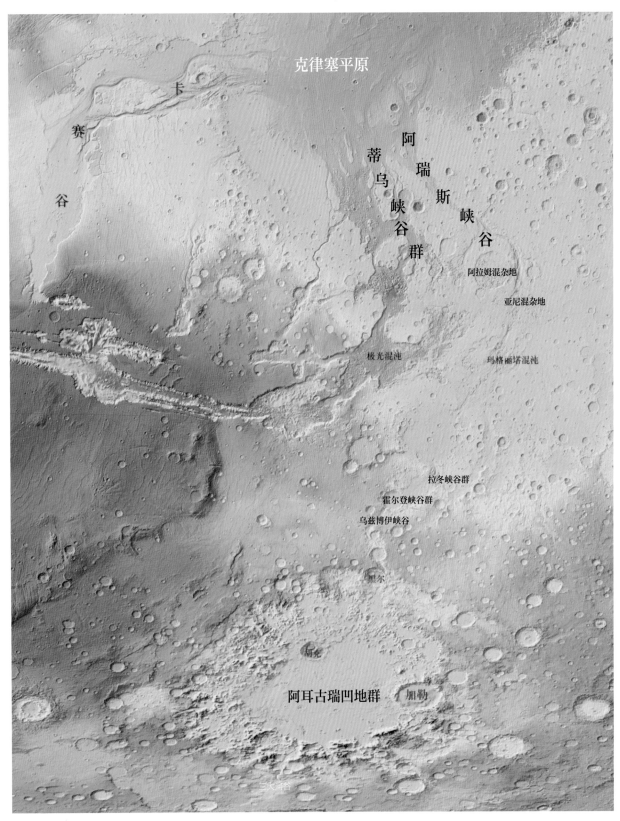

克律塞平原

赛卡谷

阿瑞斯峡谷

蒂乌峡谷群

阿拉姆混杂地

亚尼混杂地

极光混沌

玛格丽塔混沌

拉冬峡谷群

霍尔登峡谷群

乌兹博伊峡谷

黑尔

研克

阿耳古瑞凹地群

加勒

三大河谷

三大河谷

三条大河向北流，大北海中齐聚首。

沿途混沌是水源，融化冰川也出手。

尽管外流河道还停留在理论上，但多年的火星观测已经为这种理论提供了充分的证据。目前存在的最大问题是，火星在什么时候、是什么原因导致了液态水消失？对这个问题的研究具有重大意义，也将是未来火星探测重点关注的问题。

2. 湖泊与河谷

1965 年夏天，从火星发回的第一张特写图像显示，火星上是一片坑坑洼洼的沙漠，没有水的迹象。然而，在过去的几十年里，随着火星越来越多的部分被更先进的卫星成像，火星显示了过去的河谷、湖泊以及现在冰川和地面上的冰的证据。

1971 年的水手 9 号火星探测器引发了人们关于火星上有水的想法。在火星上的许多地区都发现了巨大的河谷。图像显示，洪水冲破了堤坝，侵蚀了深深的山谷和基岩上的沟壑，并蔓延了数千千米。火星南半球地区的分支溪流，表明当地曾经下雨。随着时间的推移，火星上被认可的山谷数量不断增加。2010 年 6 月发表的一项研究绘制了火星上 4 万个河谷的地图，几乎是之前已经发现的火星上河谷数量的 4 倍。最近的研究表明，在火星中纬度地区可能还存在一种神秘的、较小的、较年轻的河道，这可能与当地偶尔的冰层融化有关。

在火星上已经发现了各种各样的湖泊盆地。有些火星湖泊的面积堪比地球上最大的湖泊，如里海、黑海和贝加尔湖。在火星南部高地发现了由山谷网形成的湖泊。火星上的有些地方是封闭的洼地，有河谷进入。

当然，我们这里所说的火星湖泊，并不是说现在这些地方充满了液态水，而是推断这种地形过去可能有液态水。

在过去很长一段时间里，火星湖泊的形成一直受到各种研究人员的怀疑。一项研究发现火星上的陨击坑中可能有 205 个封闭的盆地湖泊。这些盆地湖泊有一个入口山谷，它切割火山口边缘并使水流入盆地，但它们没有可见的出口山谷。然而，这个数量只是火星上现有水冰储量的一小部分。另一项研究发现了 210 个开放盆地湖泊。这些盆地湖泊有

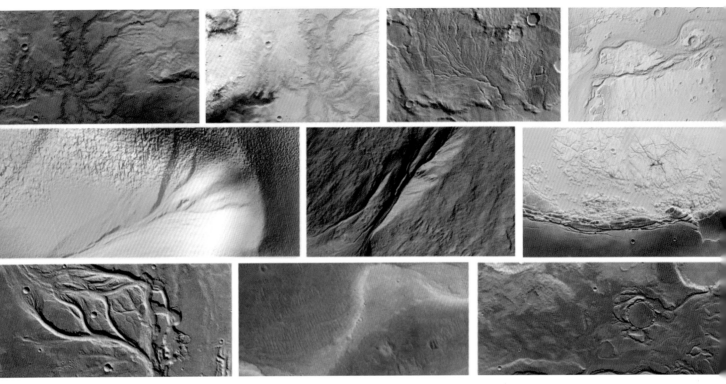

火星河谷集锦

纵横交错河谷流，盆地湖泊到处有；

高地发现山谷网，陨坑多见三角洲。

一个入口山谷和一个出口山谷，因此，水一定进入了盆地，并到达了盆地出口的高度。在阿拉伯台地上发现了 48 个可能已经灭绝的湖泊，有些被归类为开放盆地系统，因为它们显示出有出口山谷的证据。这些湖泊的大小从几十米到几十千米不等。

艾利达尼亚湖（Eridania Lake）是一个理论中曾经存在于火星表面的古代湖泊，面积约 110 万平方千米。该湖泊被认为是外流浚道马阿迪姆峡谷的水源。一般认为艾利达尼亚湖在诺亚纪（Noachian）晚期逐渐干涸并分离成数个较小湖泊。

研究人员估计，古艾利达尼亚湖大约有 21 万立方千米的水量。这相当于古代火星上所有其他湖泊和海洋的总和，大约是北美五大湖总和的 9 倍。根据光谱仪数据确定的矿物混合物，包括蛇纹石、滑石和碳酸盐矿，以及厚基岩层的形状和纹理，从而确定了可能的海底热液矿床。

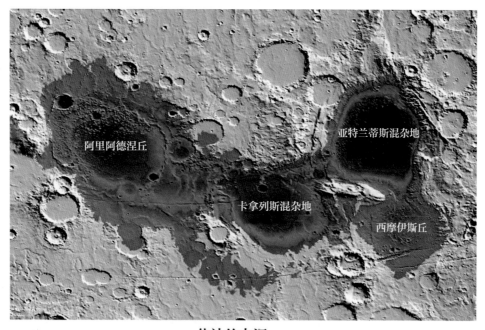

估计的水深

>1 000　700　400　100　/ m

艾利达尼亚湖的水深

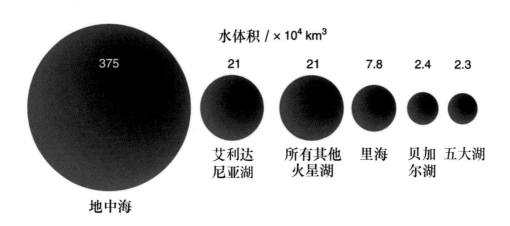

水体积 / × 10^4 km³

375

21

21

7.8

2.4

2.3

地中海

艾利达
尼亚湖

所有其他
火星湖

里海

贝加
尔湖

五大湖

艾利达尼亚湖的相对大小

艾利达湖水量丰，火星湖泊第一名；
源源向北输送水，为建水系立大功。

火星上的湖泊集锦

3. 三角洲

在地球上，三角洲是河流流入海洋、湖泊或其他河流时，因流速减低，所携带泥沙大量沉积，逐渐发展成的冲积平原。在火星上，虽然并没有液态水流动，但在许多地区发现了类似地球上三角洲的地形，由此可推断，在远古时期火星有丰富的液态水，水系也是相当大的。让我们看看典型的火星三角洲地形。

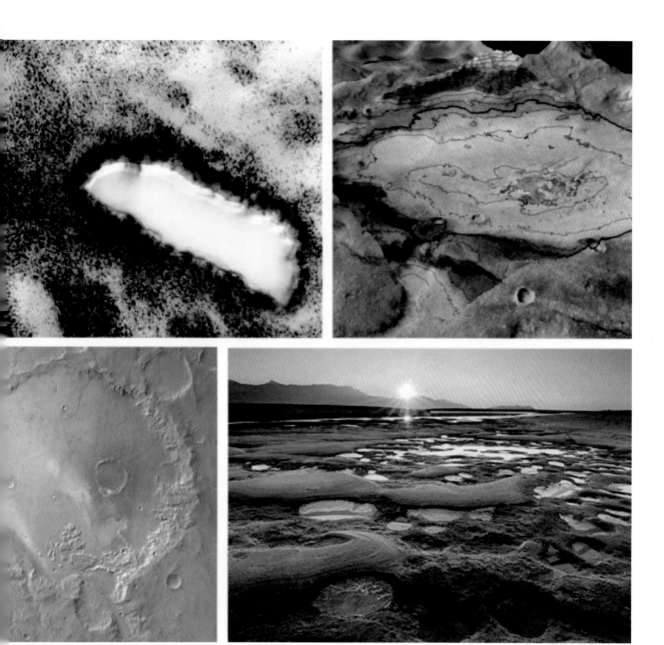

　　耶泽罗陨击坑是一个火星陨击坑，位于北纬 18.38°、东经 77.58° 大瑟提斯区（Syrtis Major quadrangle），其直径约为 49.0 千米。这个陨击坑被认为曾经被水淹没过，里面有一个富含黏土的扇形三角洲沉积。陨击坑中的湖泊是在火星上形成山谷网时形成的。除了有一个三角洲，耶泽罗陨击坑还显示出点状的条形图和倒转的河道。通过对三角洲和河道的研究，推断它可能是在地表径流不断的情况下形成的。

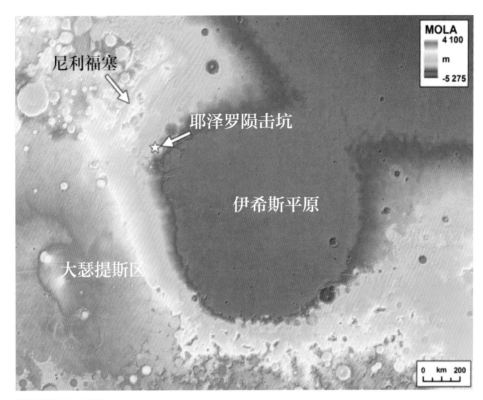

耶泽罗陨击坑位置

耶泽罗三角洲

4. 含水矿物

通俗地说，含水矿物是仅在有水存在时才形成的一系列矿物。因此，如果我们在火星上发现了含水矿物，说明在这个地区历史上肯定有水或者空气中有丰富的水蒸气存在。

近些年来，NASA 和欧洲空间局（ESA）都把寻找水和生命作为探测火星的重要科学目标，在探测含水矿物方面取得了丰硕的成果，在火星的许多区域发现了含水矿物，如黏土矿、碳酸盐矿和硫酸盐矿等。

根据早期对火星光谱学、化学和磁场数据的分析，认为火星表面矿物是含有氧化铁/羟基氧化物、硅和硫酸盐的玄武岩土壤。从光谱数据中已经辨别出赤铁矿和灰铁矿。来自火星探路者、火星环球勘测者以及 2001 火星奥德赛的数据也证明火星历史上曾含有水。

机遇号火星探测车提供的证据包括火星岩石中含有的硫酸盐、火星岩石中的洞、火星岩石交错层和"蓝莓果"。在火星上发现的硫酸盐是黄钾铁矾，这种矿物一般在有水的环境中存在。在火星岩石发现一些扁平的洞穿过岩石，表明在火星岩石中曾存在含盐矿物的晶体，后来在水的冲蚀下形成了洞。

火星上的含水矿物提供了这颗行星历史上有关水的信息，涉及火星是否适合生命生存的必备因素。这些含水矿物提供了环境演变过程的线索，包括水的丰度、存在的时期以及化学作用对环境演变的影响。

矿物是原子以特殊的结构形成的，具有共同的性质，如颜色、结构和硬度。矿物有时在完全裸露的地方被发现，但更多出现在多种矿物组合的岩石中。通常认为含水矿物的结构中包含水或氢氧根离子（OH^-）。含水矿物也包括因表面带电而使表面颗粒容易吸附水的矿物。

左：火星岩石中的洞；右：火星岩石交错层

束缚水包括实际矿物结构一部分的水分子，也包括化学吸附在矿物表面的水分子。

对于火星岩石交错层分层结构的解释有三种：风、火山尘埃和水。由于这些层不总是平行的，称为交错层，某些层的厚度不超过手指，还有凹进去的特征。因此，这些层很可能是溶于水的矿物沉积而成。

在火星上还发现一些颗粒状的结构，俗称"蓝莓果"。对存在"蓝莓果"的解释有三种：漂浮在大气中的火山灰、流星撞击产生的熔化岩石凝结、水带着溶解的矿物所沉积成的颗粒。若是前两种情况，"蓝莓果"的分布应具有某种方向性，但"蓝莓果"不是集中在外露岩石特殊层内，而是不规则分布的，因此前两种可能性比较小。

火星岩石上的"蓝莓果"

　　NASA 2004 年 12 月 13 日发表声明称，勇气号火星探测车在火星的哥伦比亚山脉的岩石中发现针铁矿。针铁矿只在有水存在的情况下形成，无论水处于气态、液态还是固态。

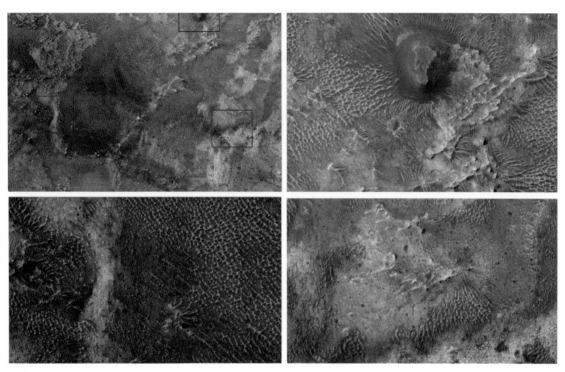

尼罗堑沟群发现的黏土矿

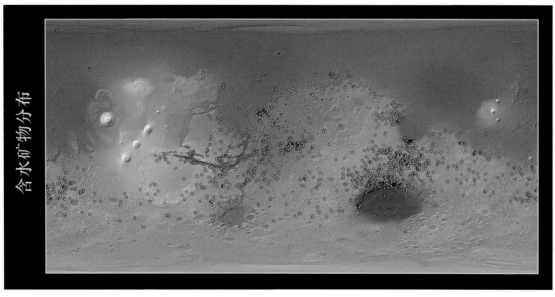

火星快车数据获得的含水矿物分布

第四节　火星生命有迹象

火星上存在生命的可能性是天体生物学的一个重要课题，因为它与地球既相似又相近。到目前为止，还没有发现火星上过去或现在有生命存在的证据。累积的证据表明，在诺亚纪时期，火星的表面环境曾有液态水，可能适合微生物生存。但宜居条件的存在并不一定意味着生命的存在。

对火星生命迹象的科学探索始于 19 世纪，今天仍在通过各种探测器进行。早期的研究主要集中在现象学上，近乎幻想，而现代科学研究则强调寻找水、行星表面土壤和岩石中的化学生物特征，以及大气中的生物标记气体。

1. 火星所含水量维持生命的可能性

目前人类所知道的生命形态都需要水。一般相信火星曾经有大量的水可以形成湖泊和大规模的峡谷。在火星地表下已发现大量冻结的水冰。尽管如此，仍然有许多尚待解决的课题：液态水是否曾经存在火星表面、液态水存在于火星表面的时间、火星是否有过适合生命存在的特殊环境、火星表面的水是否存在足够长的时间让火星生命得以发展和演化、火星生命在火星的环境转变成对生命不利以后是否还长期存在以及火星生命能否存在于高盐分和强酸环境。

一方面，火星许多区域长时期相当干燥，否则橄榄石应该已被水分解；另一方面，在火星许多地方发现的黏土和硫酸盐表明火星表面曾经有液态水。硫酸盐是在酸性环境中形成的，因此这引发了生命是否能在酸性环境中出现的问题。含有大量盐的土壤可能是生命存在的阻碍。盐长期以来被人类用作防腐剂，因为许多生物不能存在于高浓度盐水中（嗜盐生物是例外）。凤凰号火星探测器在火星土壤中发现高氯酸盐。虽然一些生物会利用高氯酸盐，但对于大多数生物而言这是有毒物质。其他研究人员表示火星某些区域可能对于生物的毒性较低。碳酸盐并不会在酸性溶液中形成，但是在落到地球的火星陨石中可以找到。另外，凤凰号火星探测器和火星勘测轨道飞行器的 CRISM（火星专用小型侦察影像频谱仪）光谱资料中也发现碳酸盐的存在。

　　火星探险漫游者团队的 Benton Clark 认为火星如果曾经存在微生物，也许这些生物可以用几百万年时间适应环境。确实，一些生物可以用一段时间适应极端环境。在地球上永冻层 50 米深处发现，一半在一千万年前死亡的微生物可以从放射性同位素的衰变累积足够的辐射，如果生物每隔数百万年重新出现，生命体本身将可以自我修复，尤其是 DNA，其他科学家也同意这一点。在地球上一些极端环境中发现生物的存在让人类对于在火星上找到生命更加抱有希望。地球上的微生物可以在加拿大的北极区或南极冰川下 3 000 米处生存，因此也可能有微生物在火星的极地冰冠底下生存。19 世纪 80 年代有人主张微生物可能可以在地表下数米处生存；今日我们知道有多种微生物可以在地下超过 1 000 米的深处存活。有些生物可以利用火山活动放出的甲烷、氢、硫化氢等气体维生。火星可能曾经有广泛的火山活动，因此火星古代如果有生命，可能会在靠近火山的区域或者是可以保留高热岩浆的地下区域。有些生物会以硫化物为食物，在火星上大片区域也能找到相同的硫化物。部分科学家主张有许多种类生物可以在靠近火山的高地热区存活。研究显示有些种类生物可以在极高温（80 ~ 110℃）下存活。因为火星上曾有许多火山活动，有人认为火星上可能还有尚未完全冷却的区域。火星地下的熔岩管道也许可以将火星地下的冰融化，之后水流往火星地表。类似地球上美国黄石国家公园内温泉遗迹的地理特征已经被火星勘测轨道飞行器发现。和温泉相关的矿物，如蛋白石和硅石已经被勇气号火星探测车发现，火星勘测轨道飞行器的影像中也发现相关矿物。奥林波斯山等火山被认为是火星上相对年轻的地质构造，但目前在这些火山表面并未发现高温区域。火星环球探勘者使用 TES 对火星地表进行大量的红外线影像摄影。2001 火星奥德赛的 THEMIS 也使用红外线对火星表面进行摄影以测定地表温度。

　　火星的大气层极为稀薄；但仍然有水蒸气。地球上有些种类生物可以在类似的环境下生存。在国际空间站内一个叫作 Expose-E 的实验中发现，丽石黄衣（xanthoria elegans）这种地衣可以在接近真空的状态下存活 18 个月。

　　液态水在火星表面存在的可能性已经有相关实验进行过。虽然液态水在火星表面可能会立刻沸腾或蒸发，湖泊大小的水体可能会快速被一层冰覆盖，而这层冰可以减少蒸发。如果水冰上被尘土或其他沉积物覆盖，冰下的水就可以保存一段时间，甚至可以成为在冰下流动的冰下河。大量的水可能会因为小行星的撞击而流出，因此有的研究认为有些火星生命已经在火星存活几百万年，它们可以在彗星或小行星的周期性撞击使冰融化的过程中从休眠中恢复并存活数千年，但如果撞击带走水，液态水就可能长期在火星表面消失。一般认为撞击事件可以造成巨大洪水，使火星上的巨大河谷在短时间（可以只有数天）内形成。现在一般认为火星曾有大量的水是因为火星有许多巨大的河谷存在，也许火星的河谷并不像地球的河谷那样需要数亿年的时间形成。

我们知道生物可以适应环境的变化。有一种土壤中的变形虫——尾刺耐格里原虫（Naegleria gruberi）——可以快速长出两条鞭毛来游泳。当周围环境变得干燥时，它可以变成一个硬囊肿以保持适度的温度。

研究显示在火星土壤中发现多种可以抗冻的盐类，可以让水在冰点下数度仍保持液态。有的计算显示少量的液态水也许可以在火星表面某个地方存在数小时。有些科学家考虑隔热和压力的状况进行计算，结果显示液态水可以在一些地区存在 1/10 个火星年之久，其他研究人员则预测液态水只能存在 2% 火星年的时间。无论哪个结果，这样的水量已经足够让一些耐干燥的生物生存。这些耐干燥的生物也许不需要大量的水，在地球上已经发现一些生物可以生存在极薄的液态水中，而这些水位于冰冻区。

2. 可能的生物特征

关于火星存在生命的证据，除了前面已经提到的水冰和液态水条件，以及火星过去可能存在过的温暖潮湿气候之外，还包括五个方面。

1）火星甲烷

甲烷在火星目前的氧化大气中是化学不稳定的，由于太阳的紫外线辐射和其他气体的化学反应，它会迅速分解。因此，火星大气中甲烷的持续存在可能意味着存在源来持续补充气体。

2003 年，NASA 戈达德航天飞行中心的一个小组首次在火星大气层中报告了微量甲烷，其含量为十亿分之几（ppb）。在 2003 年和 2006 年进行的观测中测量到丰度的巨大差异，这表明火星甲烷是局部集中的，可能是季节性出现的。2018 年 6 月 7 日，NASA 宣布探测到火星上甲烷含量的季节性变化。

ExoMars 痕量气体轨道器于 2016 年 3 月启动，于 2018 年 4 月 21 日开始绘制火星大气中甲烷的浓度和来源及其分解产物，如甲醛和甲醇。截至 2019 年 5 月，跟踪气体轨道器显示火星甲烷浓度低于可检测水平（<0.05 ppbv）。

　　下图描述了火星甲烷产生与耗散的机制。其产生的两种机制包括微生物活动和地质化学效应。

火星甲烷产生与耗散的机制

2）火星甲醛

　　2005 年 2 月，火星快车上的傅里叶行星光谱仪（PFS）在火星大气层中检测到甲醛的痕迹。PFS 项目主任维托里奥·福米萨诺推测，火星甲醛可能是火星甲烷氧化的副产品，据他推测，这将提供证据证明火星在地质上非常活跃，或者蕴藏着微生物的群落。NASA 的科学家认为初步发现值得跟进，但否认了存在生命的说法。

3）海盗号生物实验

人类至今尚未发现地外生命存在的直接证据，但 NASA 的吉尔伯特·莱文却不这么认为。莱文是 20 世纪 70 年代海盗号火星探测任务中，一项搜寻生命的实验的项目负责人。为了寻找生命活动，这项名为"标记释放"的实验在火星上收集土壤样本后，让土壤样本与营养物质接触，以检测二氧化碳、甲烷等代谢产物。

火星上到底有没有生命？海盗号上的科学仪器给出了矛盾的结果，是实验方法问题，还是仪器问题？回答这些问题需要人类继续探索。

4）好奇号沉积物取样

2018 年 6 月，NASA 报告称，好奇号火星车从大约 35 亿年前的火星泥石岩中发现了复杂的有机化合物，这些岩石是从帕伦普山一个干涸的湖中的两个不同地点取样的。当岩石样品通过好奇号火星车在火星样品分析仪器中进行热解时，释放出一系列有机分子，有机碳浓度约为百万分之十或更多。这接近于在火星陨石中观察到的数量，大约是之前在火星表面发现的有机碳的 100 倍。已鉴定的分子包括硫黄苯、苯香化合物、甲苯和小碳链、丙烷和丁烯。

NASA 指出，这些发现并不能证明火星上存在生命，但能证明火星存在维持微观生命所需的有机化合物。

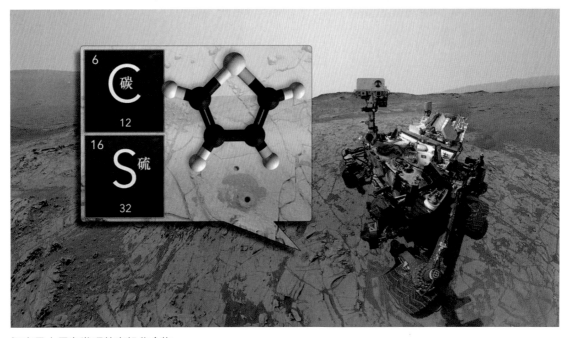

好奇号火星车发现的有机化合物

5）来自火星的陨石

截至 2018 年，已知火星陨石有 117 块（其中一些陨石是在几个碎片中发现的）。这些陨石是有价值的，因为它们是火星唯一可供地球实验室使用的物理样本。目前有代表性的火星陨石有 ALH84001、纳赫拉、谢尔戈蒂和 Yamato000593。其中对 ALH84001 的研究比较深入。

ALH84001 陨石是由美国的南极陨石搜寻计划小组于 1984 年 12 月 27 日在南极洲艾伦丘陵发现的一颗陨石。经鉴定是来自火星。在被发现时，它的重量为 1.93 千克。

1996 年，NASA 的科学家对 ALH84001 进行了微观和化学分析，认为 ALH84001 中的

ALH84001 陨石

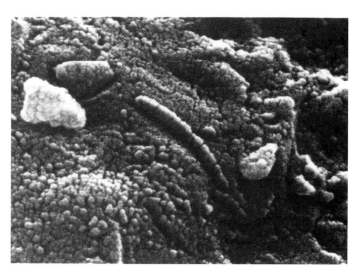

ALH84001 陨石的结构

碳酸盐是由火星微生物产生的，从而引发了一场争议。碳酸盐颗粒与有机化合物有关，含有微晶的铁矿物，其大小和形状与细菌产生的相似，并表现出类似微观化石的拉长物体。在随后的调查中，其他科学家对这些证据线的解释提出质疑，ALH84001 包含外星生命证据的假说尚未得到广泛接受。

《科学》杂志曾刊载 9 名科学家所组成的小组的一篇研究性文章，作者们声称，"它（ALH84001）就是早期火星上的原始生命的证明"。当该文章的内容于 1996 年 8 月 7 日泄露出去之后，这一块看起来有些怪的小石头一下子就开始忙碌起来了，它不但占据了报纸和晚间新闻的头条、影响到几十亿美元的预算决策，还得到了国会领袖和总统的

极大关注。人们一开始以为这块陨石是来自小行星灶神星的，但后来证实它来自火星。因为科学家从这块陨石中发现了微生物化石，引起了人们对地外生命的强烈讨论和探索。当时的美国总统克林顿听到这个消息之后专门召开了一个发布会，引发了探索地外生命为主体的热潮。

ALH84001 被认为是太阳系最古老的石头，它形成于 45 亿年之前，在 39 亿～40 亿年前受到很严重的撞击，但仍然在火星表面，大概在 1.5 亿年前再次受撞击脱离火星，在经历漫长的星际旅行之后，在 13 000 年前到达地球。

3. 火星洞穴——生命最好的潜在避难所

经过多年的探测，人类已经在火星上发现了许多洞穴。一些科学家认为，这些洞穴能够屏蔽来自太阳以及银河系的粒子辐射和电磁辐射，日夜温差和季节温差也比火星表面的小，甚至可能存在液态水，因此是生命最好的潜在避难所，是保存过去或现在微生物生命证据的唯一结构。在火星上寻找生命，洞穴显然是最重要的地方之一。

洞穴与火山活动有关。熔岩洞是地表之下熔岩流动的天然通道，在火山喷发时，熔岩会从熔岩洞中喷出。熔岩管是熔岩洞的一种，当低黏度的熔岩流经一个连续结构的地壳区域时就会使地壳变厚，并且在流动的熔岩上方形成管顶。经过长时间的演变，有些熔岩管可能被流星体击中，从而产生坑洞，这就是我们现在看到的洞穴入口。目前观测到的洞穴入口，基本上都在火山附近。

从表面特征来看，洞穴其实与陨击坑没有太大的区别，只是洞穴没有突起的边缘或爆炸模式。美国地质调查局天体地质科学中心已经公布了火星上 1 000 多个候选洞穴入口的位置。因为所有可能的洞穴都是由距离火星表面约 400 千米的轨道器发现的，不可能看到它们在地表下延伸了多远。因此不能确定哪些是洞穴，哪些仅仅是侧面有一定宽度的凹陷，所以谨慎地表示这些是"候选的"洞穴入口。

火星全球洞穴候选目录（MGC3）提供了洞穴入口的纬度和经度坐标、特征类型、优先级（置信度）评级以及关于每个候选的简短评论。在 MGC3 中确定的洞穴入口类型包括熔岩管天窗、深裂缝、非典型洞穴陨击坑（APC）和其他类似岩溶地形的空隙。这个目录中的大多数条目是通过对火星勘察轨道器上背景照相机（CTX）和高分辨率成像科

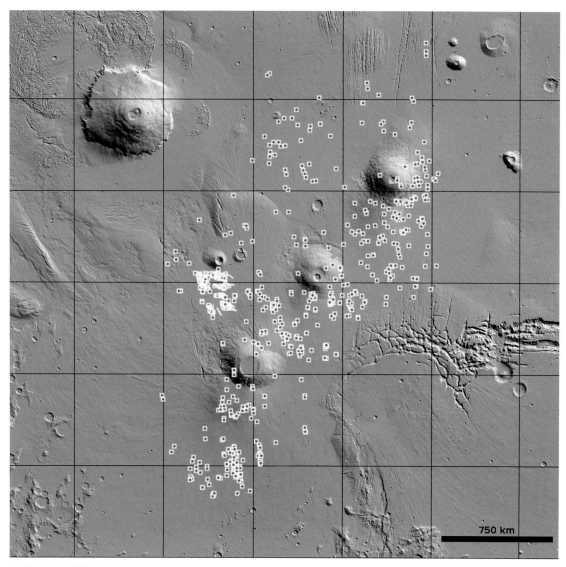

火星上塔尔西斯地区候选洞穴的位置

学实验相机获得的图像确定的。

　　下面我们列举一些典型的洞穴入口图片，以此了解火星洞穴的基本特征。

　　1）洞穴"七姐妹"

　　2007 年，2001 火星奥德赛 THEMIS 摄像机发现阿尔西亚山西北方有七个可能的洞穴入口，可能是地下洞穴顶部塌陷而成的。它们有非正式名字：（A）迪娜（Dena），（B）克洛伊（Chloe），（C）温迪（Wendy），（D）安妮（Annie），（E）艾比（Abby）（左）和尼基（Nikki）（右），（F）珍妮（Jeanne）。箭头表示北方和照明的方向。目前对珍妮洞的观测数据比较多。

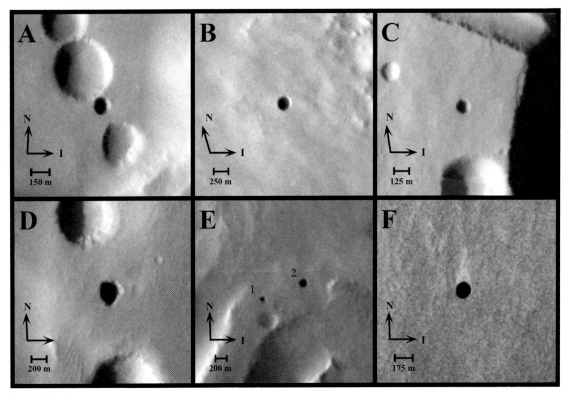

"七姐妹"洞

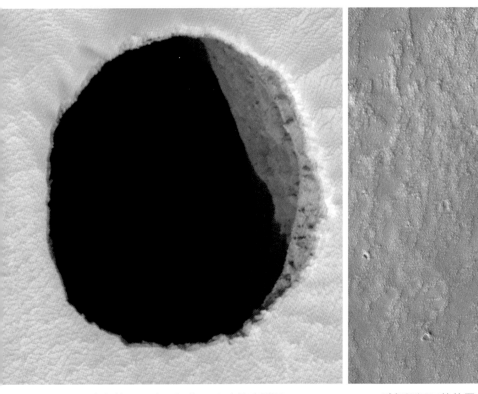

直径约 150 米，深约 178 米的珍妮洞

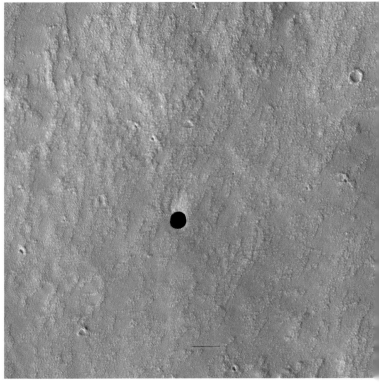

珍妮洞洞口的位置

2）孔雀山附近的深洞

孔雀山是火星上的巨大盾状火山，是塔尔西斯三座火山中央的那座，位于火星赤道上，高于火星基准面 14 058 米。在孔雀山附近发现了一个锥形的洞，其洞壁很陡，原来在洞壁的物质已经通过中心孔向下排进了空洞，形成了一个碎片堆。从下面约 28 米处可以看到这堆碎片的顶部。根据这张图可以推测排进空洞的物质的量，从而估计碎片堆有多高。这个估计值是巨大的：碎片堆本身至少有 62 米高。考虑到这个碎片堆的顶部在中心孔的边缘以下 28 米，这告诉我们，在坍塌和填塞之前，这个空洞曾经有 90 深！地球上只有少数几个洞穴能达到或超过这个深度，它们都是由液态水溶解地下石灰岩形成的，而在火星上，这两种物质都不容易得到。

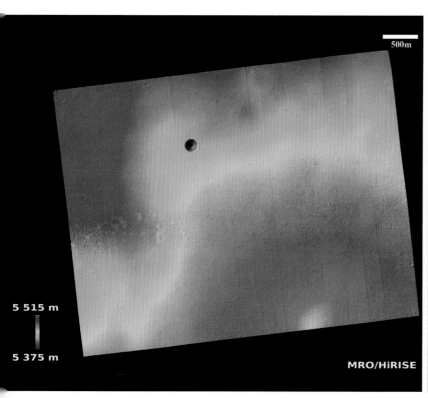

孔雀山附近的洞口

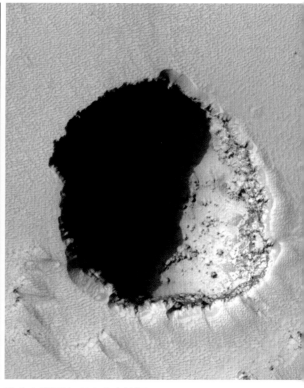

孔雀山附近的 180 米宽的洞口

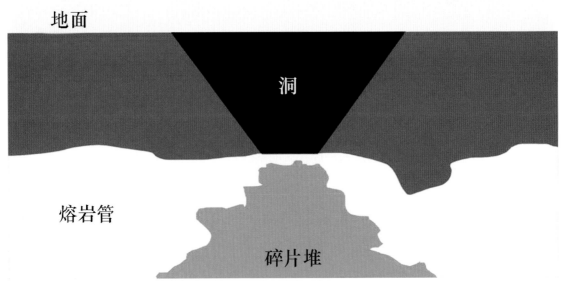

洞内结构

综合前四章的内容，我们可以将火星的基本特征概括如下。

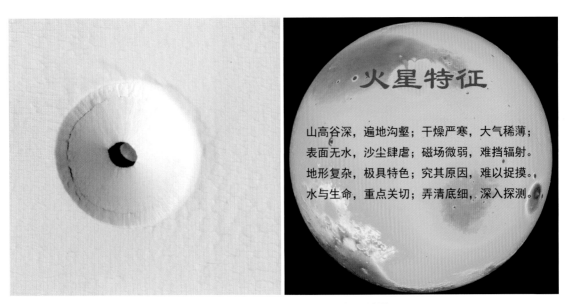

孔雀山附近的 35 米宽的洞口　　　　　　火星的地形与环境特征

第五章

火星探测难题多

第一节　火星探测引人关注

截至 2019 年年底，全世界共发射了 49 颗火星探测器，其数量在行星探测中居于首位，在深空探测中仅次于月球，居第二位。为什么人类如此钟情于火星呢？原因有三点：一是火星是地球的近邻，探测火星比探测其他行星容易；二是火星表面和大气环境比水星和金星好得多，可能存在生命，因此有诱惑力；三是丰富多彩的火星文化，也驱动人们去探索火星。

说起火星文化，我们中国人比西方人了解得较少。中国受月球文化影响很大，因此在日常生活中随处受到月球文化的影响，也促进我们开展月球探测。总体上来说，中国人对火星文化知之甚少。事实上，在科技文化比较发达的西方，火星文化影响甚大。可以这样说，火星文化充斥西方的神话故事、小说、影视、歌曲等各种文化形式，尤其是科幻作品。

1910 年以前，关于火星的科幻小说主要涉及第一次到这个星球旅行，有时人类作为入侵的力量，但大多数是为了探索。代表作品有《火星旅行》《世界大战》《太空蜜月》及《红色星球》。

1910—1920 年，关于火星的代表作品有《火星公主》和《阿埃莉塔》。《火星公主》讲述的内容是：美国南北战争结束的 1866 年，南方军队骑兵大尉卡特突然飞到了火星。这时的火星，其科学发达程度远远超过了地球。在火星上，有身材高大而丑陋的四臂绿色人支配的萨克族，也有爱好和平、与地球人十分相像的漂亮赤色人所支配的赫列姆王国等，总之，当时的火星呈现群雄割据的混乱局面。卡特充分施展了自己的才能，行侠仗义，同绝色佳人苏莉丝公主结下姻缘。他在那里度过了 10 年和平的岁月。为了要从一次突发的事件中拯救火星，卡特冒着巨大危险亲赴事故现场……本书以火星与地球巨大场面为背景，又具有神奇冒险小说那种扣人心弦、无与伦比的趣味性，构成了科幻史上称为宇宙歌剧的典型。

《阿埃莉塔》是最早的苏联科幻小说之一。它描述了由工程师罗斯为首的苏联探险队探索火星的情节。罗斯爱上了火星最高统治者的女儿、美丽的阿埃莉塔，而罗斯的同伴正在试图组织一场共产主义革命，将幸福和进步带到古老和停滞不前的社会。1924 年，《阿埃莉塔》被改编成电影。

20 世纪 30—40 年代，关于火星的代表作品有《火星奥德赛》《走出寂静的星球》和《什么使宇宙疯狂》。

20 世纪 50—60 年代早期，关于火星的作品有《火星编年史》《我们的未来世界》《没有人的星期五》《被困在火星》《火星沙漠》《火星路》；广播剧《太空旅游》《太空巡逻》等。

从 1965 年开始，水手号和海盗号揭示了所谓火星运河是一种错觉，而火星环境对生命是极其不利的。到了 20 世纪 70 年代，火星古运河和古代文明的理念不得不被放弃。作者很快开始写新的火星。这些作品大部分表现人类努力驯服火星，其中有些是指地球化（使用技术来改变一个行星的环境）。其共同的主题，尤其是美国作家的作品，是为从地球独立出去的火星殖民地而战斗。在水手号计划和阿波罗计划实施以后的 10 年间，一度流行的题材是远征火星。

水手 4 号是第一个成功飞越火星的探测器。它于 1965 年 7 月返回了第一张火星表面的图像，这是第一张从地球以外的行星上拍摄的图像。这张充满了陨击坑的死寂世界的图像震惊了科学界，尽管图像的分辨率不高，但足以使人们对这颗红色星球有新的、直观的了解。那些所谓的火星人、火星运河，不过是子虚乌有。因此，有关火星的科幻作品，以水手 4 号返回图像的时间为分水岭，前后的内容和题材有很大不同。

20 世纪 80 年代，关于火星的代表作品包括《看守者》《苍凉路》《起源》《来自火星的龙虾人》《金星总理》。

20 世纪 90 年代，关于火星的代表作品有《红色的成因》《火星三部曲》《火星》《移动火星》《滚滚红尘》《光明使者》《航程》《火星地下》《奥林匹斯山》《米色火星》《火星人竞赛》。

《火星三部曲》是由 3 本科幻小说所组成的一个系列，作者是金·斯坦利·罗宾逊（Kim Stanley Robinson），记录了人类在火星殖民及将火星地球化的编年史。这 3 本小说分别是《红火星》（*Red Mars*，1992）、《绿火星》（*Green Mars*，1993）以及《蓝火星》（*Blue Mars*，1996）。《红火星》讲述了 2026 年第一次前往火星的殖民的太空航行，殖民的最终目标是将火星改造成适合人类居住，也就是火星地球化。《绿火星》的名字来自火星地球化的中期，植物开始生长使得火星大地呈绿色的阶段，本书的情节接着《红火星》。《蓝火星》的名字来自火星地球化的下一个阶段：气压和温度的继续增加导致液态水开始在火星表面凝聚成江河和海。这部书接着《绿火星》的结尾，但内容方面比前两部书要宽泛得多。

　　20世纪90年代以后，关于火星的作品有《火星隧道》《火星上的长城》《克罗宁火星三部曲》《首次登陆》《降落到火星》《火星皇后》。关于火星的电影与电视作品有《全面回忆》《火箭客》《星际牛仔》《火星任务》《红色星球》《火星幽灵》《复仇者》《太空漫游：到行星旅行》《厄运》《奔向火星》（2007）。

　　美国著名的科学幻想小说作家罗宾逊，在2009年分析了各时代有关火星的科幻作品，选出了自己最喜爱的10部火星科幻小说：《两颗行星》《红色星球》《火星纪事》《火星沙漠》《火星基地》《地球的极乐》《火星人的时间流逝》《关于火星的书》《男人》《创世纪》。

　　从以上介绍可以看出，在20世纪，西方之所以会涌现出大量关于火星的科幻作品，是与西方科学技术的发展水平紧密相关的。

火星科幻何其多，影视绘画加小说；
如此关注是何故，猜测近邻可生活。

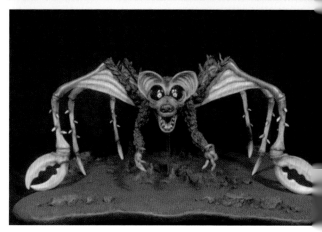

十佳科幻影片

第二节　缘何出现坟墓之说

早在 1960 年 10 月，苏联就开始进行火星探测。但在 20 世纪 90 年代前，全世界共发射了 25 颗火星探测器，成功的只有 9 颗。在失败的 16 颗中，有 5 颗是发射失败，其他都是在接近火星时出现各种问题。由于如此高的发射失败率，有人称火星是"探测器的坟墓"。

火星探测器要经历发射、行星际飞行、火星轨道切入、进入大气层、软着陆并进行探测的阶段。发射是所有航天器都要经历的过程，成功与否主要取决于运载火箭的可靠性。行星际飞行是一个漫长的阶段，到达火星至少需半年的时间。在这个阶段，要对火星探测器的姿态、运动方向和速度进行多次调整，以便准确地到达目标，这些操作过程称为"轨道机动"。"轨道机动"是通过分布在地球表面的深空通信网（DSN）实现的。DSN 由 3 个在全球彼此相隔 120° 的地面通信站组成，通信站的接收天线直径达 70 米。火星探测器在行星际飞行过程中出现问题的概率比较小。出现问题比较多的是在最后三个阶段，即火星轨道切入、进入大气层和软着陆并进行探测。

在火星探测器完成行星际飞行任务后，就要切入火星的轨道，也就是在火星引力的作用下，使火星探测器成为火星的卫星。在切入火星轨道过程中，技术难点是选择适当的切入高度和反冲火箭点火时间。如果火星探测器离火星过远，则不能被火星的引力捕获，只能掠过火星；如果火星探测器的切入点离火星太近，则可能坠毁于火星大气层。

下面列举火星探测器的典型事故。

1962 年 11 月 1 日，苏联发射了火星 1 号探测器。火星 1 号探测器在 1963 年 6 月 19 日飞越火星，但不久就失去了无线电联系。

1964 年 11 月 5 日，美国发射了水手 3 号探测器。水手 3 号探测器的目标是飞越火星，但由于太阳能帆板没有打开，飞越火星失败。

1964 年 11 月 30 日，苏联发射了探测器 2 号。虽然探测器 2 号飞越了火星，但由于通信失败，没有返回有用数据。

1971 年 5 月 19 日，苏联发射了火星 2 号探测器。1971 年 11 月 27 日，着陆器从轨道器中释放出来，但由于制动火箭失灵，软着陆失败。

1971 年 5 月 28 日，苏联发射了火星 3 号探测器。火星 3 号探测器于 1971 年 12 月 2 日到达火星。着陆器被释放，并成功地着陆火星，但向轨道器发送 20 秒的图像数据后失效。

1973 年 7 月 21 日，苏联发射了火星 4 号探测器。火星 4 号探测器于 1974 年 2 月在距离火星表面 2 200 千米处飞越火星，由于制动发动机失效而没有切入火星轨道。

1973 年 8 月 5 日，苏联发射了火星 6 号探测器。火星 6 号探测器在 1974 年 3 月 12 日进入火星轨道，并释放出着陆器。着陆器返回了进入火星大气层时的一些数据，但在下降过程中失效。

1973 年 8 月 9 日，苏联发射了火星 7 号探测器。火星 7 号探测器包括轨道器和软着陆器。1974 年 3 月 6 日，其没能切入火星轨道。

1988 年 7 月 7 日，苏联发射了火卫 1 号探测器，其目的是研究火星的卫星。1988 年 9 月 2 日，火卫 1 号探测器失去通信联系。

1988 年 7 月 12 日，苏联发射了火卫 2 号探测器。火卫 2 号探测器在 1989 年 1 月 30 日到达火星并切入火星轨道。火卫 2 号在火卫 1 号上空 800 千米内移动，后来失效。着陆器也没有到达火卫 1 号。

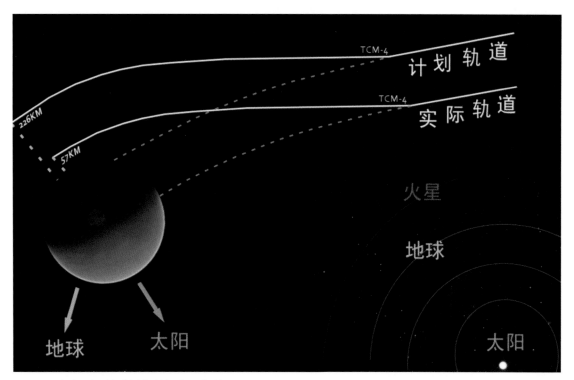

环火星气候探测器的计划轨道与实际轨道

1992年9月25日，美国发射了火星观测者探测器，1993年8月21日，火星观测者于切入火星轨道之前失去通信联系。

1998年7月3日，日本发射了希望号探测器，但希望号探测器自发射升空以来故障不断。按计划，希望号探测器应于2003年12月14日到达离火星表面894千米上空，然后进入环火星轨道。由于其电路系统的故障没能修复，入轨失败。

1998年12月11日，美国发射了环火星气候探测器，用于研究火星天气、火星气候

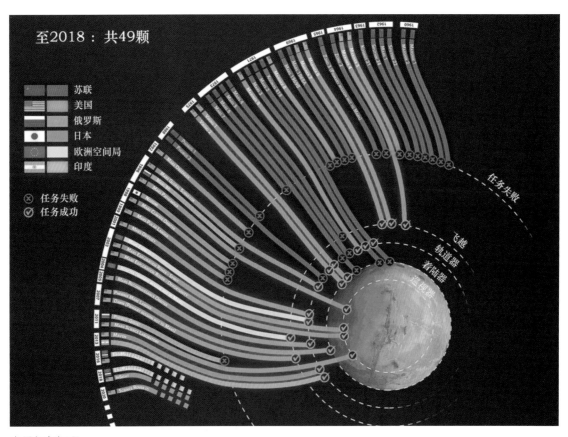

火星任务概况

> 虽有火星坟墓说，探索任务渐增多；
> 火星是否有生命，大气为何愈稀薄；
> 远古可有大北海，温暖气候可有过？
> 今日探测做准备，为了人类早登火。

以及水和二氧化碳。环火星气候探测器本应在 140.5~150 千米高度进入火星大气层，但在轨道切入操作中由于导航误差，实际上在 57 千米进入火星大气层，导致环火星气候探测器在火星大气层中被烧毁。

火星极区着陆器是 1999 年 1 月 3 日发射的，它与环火星气候探测器是伙伴。其目的是探测火星的南极。1999 年 12 月 3 日，火星极区着陆器进入大气层时失去通信联系，原因不明。

第三节　科学确定奔火之路

火星探测目前有飞越、环绕、着陆三种形式，将来还会有取样返回和载人探测。不管哪种形式，首先必须让飞船接近火星，或者说让飞船与火星轨道交会。另外，还要考虑尽量节省燃料，缩短旅途的时间，这就需要为飞船设计一个合适的轨道。下图给出火星与地球相冲的位置，两者相距比较近。在这个位置发射飞船是否合适呢？我们知道，地球在火星轨道的内侧，因此地球围绕太阳运行的速度比火星的快。飞船发射时，为了脱离地球引力的束缚，需要达到第二宇宙速度，即每秒 11.2 千米。本来地球的速度就比火星的快，飞船又以这样快的速度飞行，虽然不断向外轨道移动，但到达火星轨道时，肯定超前于火星。

所以在图 5-4 所示的位置发射飞船不合适，应该让火星的位置超前于地球，然后飞船从后面追赶，当飞船飞到火星的轨道时，火星也正好到达那里，这样就可能实现轨道交会。发射飞船时火星的确切位置应在哪里合适呢？这个答案不是唯一的，因为还与飞船的速度有关。但很早就有一个科学家证明，最节省能量的轨道是霍曼轨道，也称双切轨道。

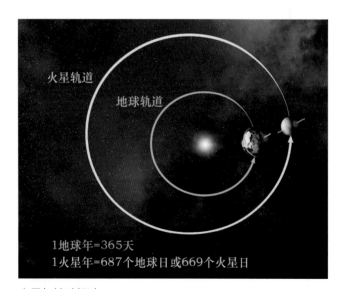

火星与地球相冲

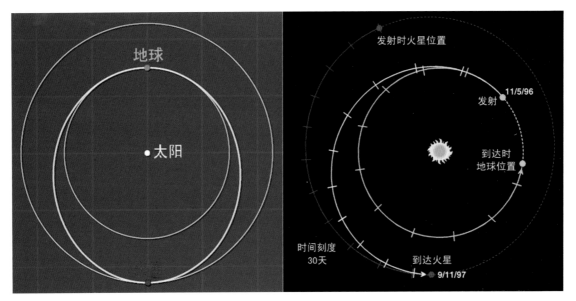

霍曼轨道示意图

霍曼轨道示意图的里圈白色线表示地球轨道，外圈表示火星轨道，黄色线表示霍曼轨道。这个椭圆曲线与地球轨道外切，与火星轨道内切，因此称为双切轨道。右图表示火星探测器飞往火星的实际轨道。

第四节　严格掌握发射窗口

发射窗口是指运载火箭发射比较合适的一个时间范围。在选择火星探测器的发射窗口时，需考虑火星探测器的轨道、火星与地球的相对位置等因素。如果选择霍曼轨道，则要求火星探测器在飞行了半个椭圆后正好在火星轨道上与之相遇。因为火星探测器在里圈，火星在外圈，所以在火星探测器发射时，火星的位置应比地球超前，经过计算，这个超前量为44°。

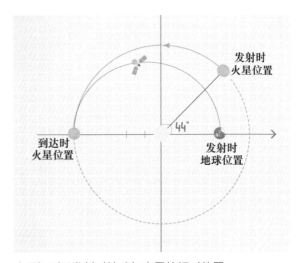

火星探测器发射时地球与火星的相对位置

其实，火星到地球的距离是不断变化的，在发射窗口，二者之间的距离也是比较近的。

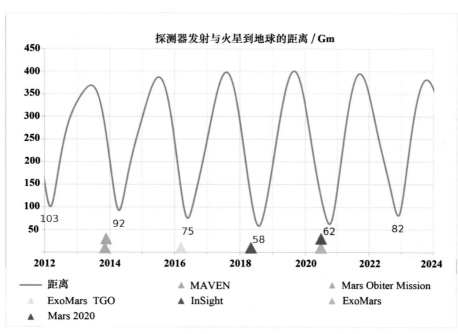

火星与地球之间距离的变化（1 Gm=10^9 m）

需要多长时间的间隔，地球与火星的相对位置才能是这样的呢？也就是说，下一个发射窗口距离本次有多长时间呢？根据计算，这个时间间隔（也称会和轨道周期）为 26 个月。这个时间间隔是通过一个公式计算出来的，如果地球的轨道周期用 T_e 表示，火星的轨道周期用 T_m 表示，时间间隔用 T_s 表示，这三个周期有这样的关系：

$$\frac{1}{T_s} = \frac{1}{T_e} - \frac{1}{T_m}$$

式中，T_e=365，T_m=687，由此可算出 T_s 应等于 779 天，大约 26 个月。

对于 2020 年，火星探测器发射窗口是 7 月 17 日—8 月 5 日。

第五节　小心谨慎切入轨道

当火星探测器接近火星时，你不要以为万事大吉了，其实，最困难的事还在后头。第一件事就是如何切入火星轨道。火星探测器离开地球，进入行星际轨道的速度需达到第二宇宙速度，即每秒11.2千米。火星到达火星附近时相对于火星的速度约为3~5千米/秒。由于火星质量小，对探测器的引力小，必须让探测器减速才能使探测器脱离双曲线接近轨道，进入环绕火星的椭圆形捕获轨道。因此，到火星附近后，火星探测器要转动180°，发动机喷口朝前，点火后会使火星探测器减速。如果速度降低不够，火星探测器

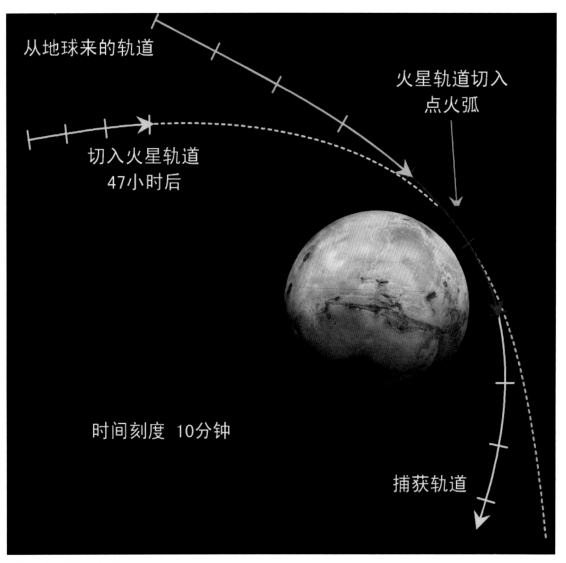

从地球来的轨道

火星轨道切入
点火弧

切入火星轨道
47小时后

时间刻度 10分钟

捕获轨道

减速切入火星轨道的过程

探火需过第一关，切入轨道是关键；
高度速度掌控准，难在地球看不见。

在火星附近转个弯后，就会奔向行星际空间，变成一颗围绕太阳运行的人造行星。如果速度降低太大，特别是到火星表面的距离又比较近，则火星探测器会撞击到火星表面。不仅如此，当火星探测器减速时，正飞到火星的背面，地球接收不到来自火星探测器的信号，不知它的状况如何，在火星背面的飞行时间大约30分钟，这段时间只能等待。只有在成功减速，并飞出火星阴影后，地球才能收到信号。一位美国科学家在形容自己在这个时刻的心情时说："我好像在产房外等待妻子的分娩，听到哇的一声，孩子出生了，我的心才算落地。"在火星探测的历史上，确实有的火星探测器就是在这个关键时刻没有掌握好火候，眼看就要到火星了，却失败了。

切入火星轨道，火星探测器环绕火星的轨道一般是一个大椭圆，也就是说，远火星点距离火星比较远，不能满足火星探测的要求。解决的办法有两个：一是靠发动机在近火点减速；二是利用火星大气层阻尼作用，慢慢降低轨道高度。前一种方法需要耗费一些燃料，因此并不可取，一般采用后者，在减速的过程中，还可以开展一些特殊的探测活动。后一种情况需要多花费一些时间。

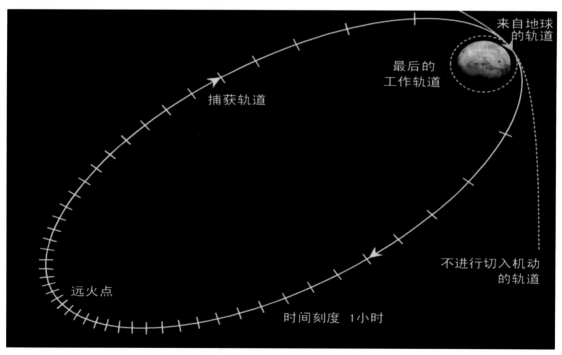

火星环球勘测者的初始轨道

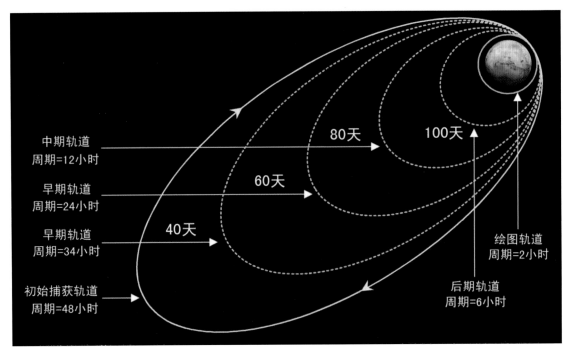

利用大气阻力降低轨道的远火点

第六节　三种方式着陆火星

在火星上着陆目前有三种方式：降落伞 + 反冲火箭 + 气囊；降落伞 + 反冲火箭 + 缓冲支架；降落伞 + 反冲火箭 + 太空吊车。

勇气号火星探测车的着陆顺序是：（1）与主飞船分离；（2）进入火星大气层；（3）打开降落伞；（4）抛掉热屏蔽罩；（5）着陆器分离；（6）气囊膨胀；（7）反冲火箭点火；（8）着陆 3 秒钟前，割断绳索，气囊落地弹跳；（9）落地后火星车走出着陆器。

凤凰号火星探测器采用第二种方式。与第一种方式不同之处是去掉了气囊。因为凤凰号火星探测器比较重，气囊在弹跳时经受不住撞击。去掉气囊保护后，着陆的最后阶段靠有缓冲结构的大支架。

火星登陆难，魔鬼七分钟；高速进大气，表面成火龙。
空气太稀薄，火箭来反冲；气囊再保护，艰难获成功。

勇气号火星探测车的着陆顺序

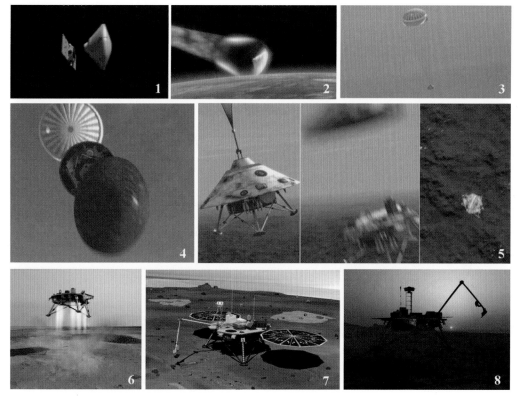

凤凰号火星探测器的着陆方式

凤凰号火星探测器

旅居者号火星车、机遇号火星探测车和勇气号火星探测车在着陆时，都采用了降落伞和反冲火箭减速、气囊保护的方式。由于火星科学实验室的重量比较大，气囊保护的方式已经不能达到保护的目的，因此采用了一种新的着陆方式——太空吊车，或者说是悬停方式。着陆的全过程是：在距离火星表面大约10千米高度展开降落伞；距离火星表面约1.8千米高处后盖分离，4支反冲火箭点火，下落平台下落并抑制水平风的效应。距离火星表面约20米的高度，火星车与下落平台分离，下落平台悬停，用绳索和控制电缆将火星车放到火星表面。当下落平台的计算机感觉到火星车成功接触到火星表面后，自动割断绳索，下落平台朝着斜上方飞去，远离火星车，然后降落到火星表面。下图是悬停的示意图。

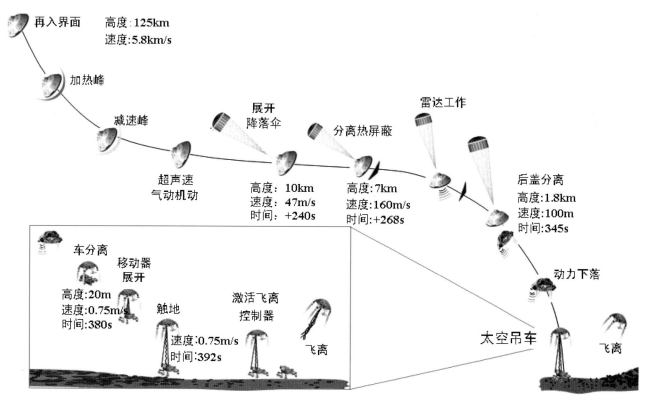

好奇号火星车着陆过程

好奇号火星车在下落平台悬停时由系绳放到火星表面

临近着陆有新招，悬在空中找目标；

吊车下面缓缓落，着陆安全精度高。

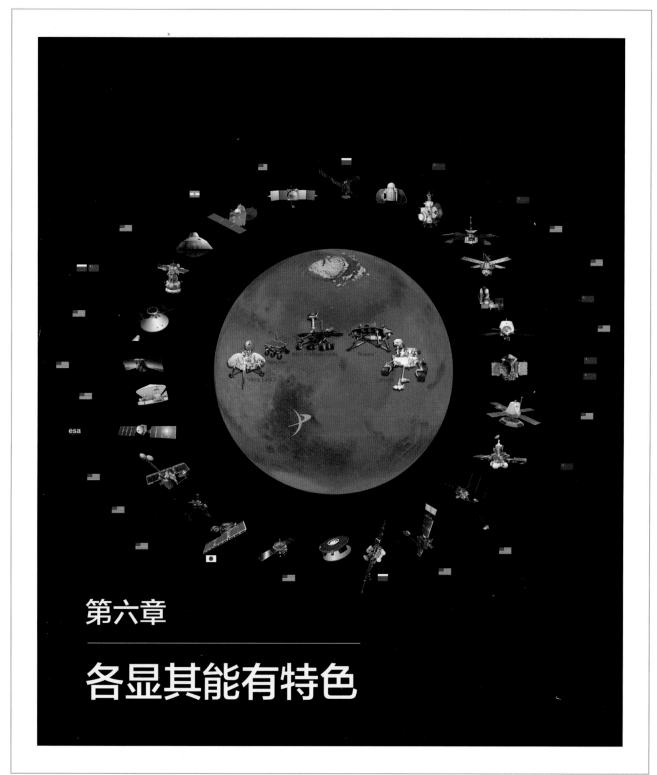

第六章

各显其能有特色

在人类探测火星的众多探测器中，有 4 颗尤为耀眼。这些探测器凭着先进的设计、高超的技术性能、突出的可靠性和稳定性，在火星探测中取得了优异的成绩。有的是开创了先河，有的是取得重要发现，有的则是超长期稳定运行。

第一节　破冰之旅

水手 4 号是第一颗成功飞越火星的探测器，也是第一颗近距离获得火星表面图像的探测器。水手 4 号于 1964 年 12 月 28 日发射升空，1965 年 7 月 15 日在火星表面 9 800 千米上空飞越，它离火星表面最近的距离是 9 846 千米，到地球的距离是 2.16 亿千米，相对火星的速度是每秒 7 千米，相对地球的速度是每秒 1.7 千米。

水手 4 号探测器

首次成功探火星，所获成果令人惊；
途中偶遇流星雨，频繁撞击结束行。

　　水手 4 号于 1965 年 7 月 15 日凌晨 00:18:36（美国东部时间 1965 年 7 月 14 日晚上 7:18:49）使用红绿交替滤镜拍摄了 21 张图像，并拍摄了第 22 张图像的 21 行。这些图像覆盖了一条不连续的火星带，从北纬 40°、东经 170° 到东经 35°、东经 200°，再到北纬 50°、东经 255°，覆盖了火星表面的 1%。飞行过程中拍摄的图像存储在机载磁带机中。凌晨 02:19:11，水手 4 号从火星背面经过，其信号停止。当水手 4 号再次出现时，信号在凌晨 03:13:04 被重新获得。然后重新建立巡航模式。在信号采集后约 8.5 小时，磁带图像开始向地球传输，并一直持续到 8 月 3 日。所有图像都传输了两次，以确保没有数据丢失或损坏。每张图像大约花了 6 个小时才传回地球。

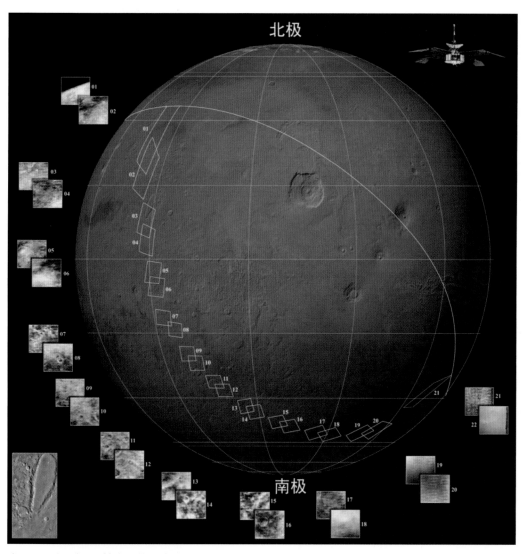

水手 4 号探测器飞越火星的示意图

1967 年 9 月 15 日，水手 4 号上的宇宙尘埃侦测器在 15 分钟内记录了 17 次撞击，这是一场明显的流星雨，它暂时改变了探测器的姿态，可能还轻微损坏了它的隔热层。后来有人推测，水手 4 号在 2 000 万千米的高度可能穿越了一颗彗星的碎核。12 月 7 日，姿态控制系统的供气耗尽，12 月 10—11 日，共记录到 83 次微流星体撞击，造成水手 4 号姿态扰动，信号强度下降。1967 年 12 月 21 日，水手 4 号的通信终止。

第二节　开拓创新

欧洲空间局于 2003 年 6 月 2 日发射了火星快车，并于 12 月 20 日使其切入火星轨道。这是欧洲空间局第一次开展火星探测活动。之所以被称为快车，并不是它比别的火星探测器飞得快，而是因为它的建造速度比其他任何类似的行星任务都要快。ESA 很好地处理了集成与创新之间的关系，火星快车上的一些仪器借鉴了其他任务上搭载的仪器，如探测彗星的罗塞塔号探测器的仪器，并根据火星探测的需要加以改进。

火星快车的科学目的包括以高分辨率（每像素 10 米）拍摄整个火星表面，并以超分辨率（每像素 2 米）拍摄选定区域；制作一张 100 米分辨率的火星地表矿物组成地图；绘制火星大气成分图并确定其全球环流模式；确定火星地下几千米深度的结构；确定大气对火星地表的影响；确定火星大气与太阳风的相互作用。

火星快车携带了 8 种仪器，切入火星轨道后，各种仪器陆续按计划开机，开始对火星进行探测，唯有 MARSIS 没有按计划（2004 年 4 月）工作，这是怎么回事呢？

MARSIS 天线由两根偶极天线构成，每根长 20 米，由 13 段折叠而成。以前在行星探测中从未展开过这样长的天线。展开过程是有风险的，因为一旦展开失败，比如两边不对称，可能给飞船的姿态控制带来困难。

欧洲空间局不死心，经过地面模拟后，认为还是应该试一试。2005 年 5 月 4 日，火星快车进行展开一根 20 米长的 MARSIS 天线的试验。MARSIS 天线虽然展开了，但分析表明，13 根天线单元中的第 10 根没有锁定位置。分析原因，可能是制造天线杆的玻璃钢和芳基聚胺纤维材料在寒冷的太空环境下性能受到影响，任务组决定转动 680 千克的飞船，让太阳将杆的冷边（被飞船遮阴的那一边）加热膨胀后，可能迫使没有锁定的单

火星快车

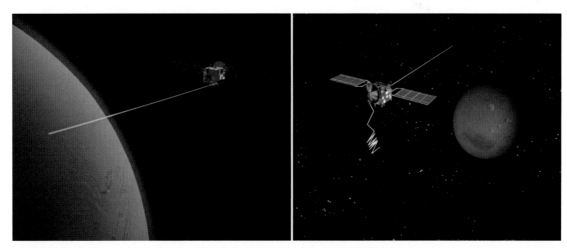

火星快车雷达天线
左图表示雷达天线只展开一端的情况，右图显示另一端天线展开过程

元固定。后经分析，这个方法果然奏效。6月17日，另一边的天线成功打开。

那么，美国人为什么不建议展开天线呢？一种说法是美国人2005年将发射火星勘测轨道飞行器，这个轨道器上也携带了雷达。他们是否担心让欧洲空间局抢了头功呢？

火星快车虽然是欧洲空间局第一次发射的火星探测器，但创造了多项世界第一，令在火星探测处于霸主地位的美国很难堪。火星快车创下的世界第一包括：首先辨别出火星极冠含有水冰；首先辨别出火星大气层中含有水蒸气和甲烷；首先发现火星极区地表下含有大量冰层。

火星快车　欧洲杰作
初次探火　成绩卓越
多项发现　先于美国
成功关键　有效载荷

火星快车特点

第三节 绘制全球

火星环球勘测者是由 NASA 喷气推进实验室开发的火星探测器，于 1996 年 11 月发射。它是一个全球性的测绘任务，考察了整个火星，从电离层到大气层再到地表。作为更大的火星探测计划的一部分，火星环球勘测者在启动制动过程中为姐妹卫星执行了监视中继任务，它通过识别潜在的着陆点和中继地面遥测来帮助火星车和着陆器任务。火星环球勘测者在 2001 年 1 月完成了它的主要任务，2006 年 11 月 2 日，火星环球勘测者的第三次延长任务阶段，它没有响应信息和命令。三天后检测到一个微弱的信号，表明它已经进入安全模式。NASA 试图与其重新联系并解决问题的努力失败了，在 2007 年 1 月正式结束了其任务。

火星环球勘测者

全球观测第一星，整体形态看得清；

留下经典入史册，人类从此识火星。

　　火星环球勘测者号总共搭载 5 组科学仪器：火星轨道相机、火星轨道激光测高仪、热辐射光谱仪、磁强计与电子反射仪、用于多普勒测量的超稳定振荡器。火星轨道相机总共有 3 个仪器，一个窄视野的摄影机，负责拍摄分辨率较高（每像素 1.5 ~ 12 米）的黑白影像，一个可拍摄红色和蓝色影像的摄影机，拍摄背景影像（分辨率每像素 240 米），第三个则拍摄每日火星全球影像（分辨率每像素 7.5 千米）。MOC 在 4.8 个火星年，即 1997—2006 年中传回了超过 24 万幅影像。高分辨率影像的幅宽约 1 500 米或 3 100 米，但为了显示某些特定地区的地表特征，大多数的图幅宽会较小。高分辨率影像的长度为 3 000 米 ~10 千米。当拍摄高分辨率影像时也同时拍摄较低分辨率的背景视频，作为指出高分辨率影像拍摄位置之用。背景视频一般长宽是 115.2 千米，分辨率每像素 240 米。

　　火星环球勘测者环绕火星的周期是 117.65 分钟，轨道高度 378 千米。其轨道接近正圆形，且经过火星极点正上方附近（倾斜角度 93°）。选择这个高度的轨道是为了以太阳同步轨道环绕火星，所以 MGS 所拍摄火星表面的影像是以相同的照明条件拍摄同一地表区域在不同日子的景象。在每个轨道之下，MGS 拍摄火星表面会因为火星的自转而向西偏移 28.62°。实际上，MGS 总是在下午 2:00 以跟太阳一样的速度从一个时区移动到另一个时区。在 7 个火星的太阳日环绕火星 88 次以后，MGS 会以近似的路线重新经过之前的路线，但会向东偏移 59 千米，这确保了 MGS 可以探测整个火星表面。

　　火星环球勘测者的主要成果是绘制了大量可见光、红外、热辐射、磁场以及中子辐射的火星全球或区域图像，为人类从整体上认识和研究火星做出了重要贡献。

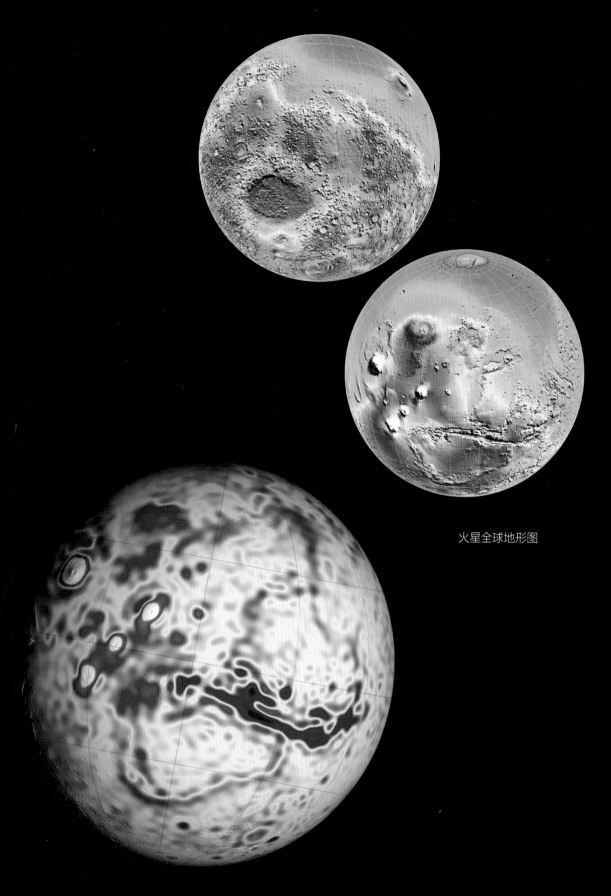

火星全球地形图

火星重力分布

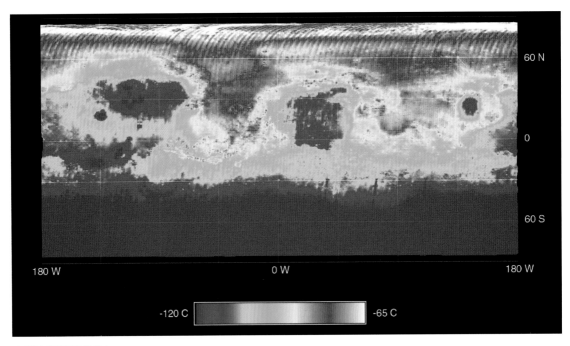

火星夜间温度分布

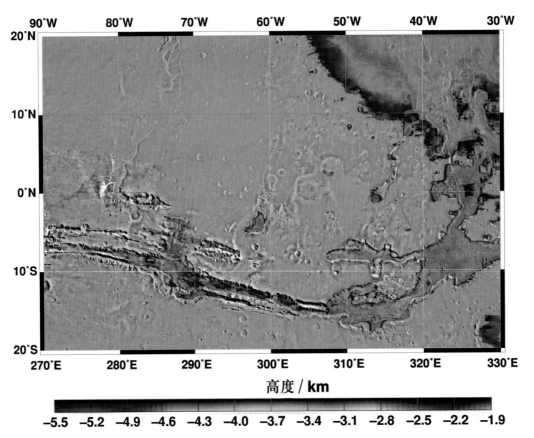

水手号峡谷群底部的高度

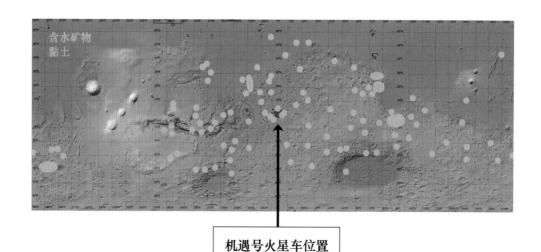

含水矿物
黏土

机遇号火星车位置

火星黏土与含水矿物分布

第四节　透视局部

火星勘测轨道飞行器是 NASA 于 2005 年 8 月 12 日发射的探测器，该探测器以前所未有的分辨率对火星进行详细考察，并且为以后的火星地表任务寻找适合的登陆地点，同时为这些任务提供高速的通信传递功能。MRO 携带的 HiRISE 在火星表面的分辨率可达到每像素 0.3 米。

火星勘测轨道飞行器

MRO 携带的 HiRISE

拍下海量高分图，媲美地球遥感星；

揭示火星诸秘密，深入细致识火星。

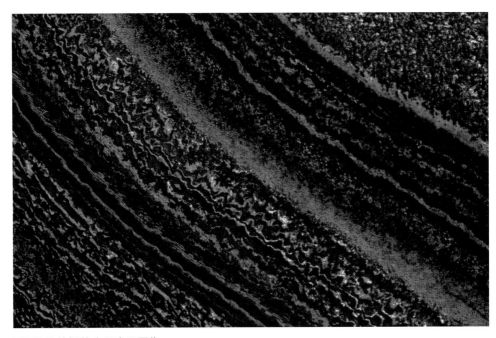

HiRISE 拍摄的火星表面图像

第五节　探测大气

自 2013 年以来，人类发射了两颗专门用于探测火星大气层的探测器，即火星大气与挥发演化任务和痕量气体轨道器。

MAVEN 是 NASA 开发的专门研究火星大气的探测器，其任务目标包括确定火星上的大气和水是如何随着时间的推移而消失的。MAVEN 于 2013 年 11 月 18 日发射，2014 年 9 月 22 日抵达火星。2015 年 11 月 5 日，NASA 宣布，来自 MAVEN 的数据显示，在太阳风暴期间，火星大气的恶化程度显著增加。大气向太空的流失可能是导致火星从以二氧化碳为主的大气逐渐转变为今天所见的寒冷、干旱的大气的关键因素。这种转变发生在大约 42 亿~ 37 亿年前。

MAVEN 探测器

专门探测大气层，准确测量太阳风；
大气流失得明证，太阳辐射是元凶。

*这里所说的太阳辐射包括太阳风和太阳短波电磁辐射。

MAVEN 的主要目的是研究火星高层大气及其与太阳风的相互作用。MAVEN 携带了 3 组仪器粒子与场仪器、遥感仪器和中性气体与离子质谱仪，用于测量火星高层大气、太阳风和电离层。粒子与场仪器包括太阳风电子分析仪、太阳风离子分析仪、超热与热离子分析仪（STATIC）、太阳高能粒子探测器、朗缪尔探针与波探测器。遥感仪器包括紫外成像光谱仪，用于测量火星高层大气和电离层。

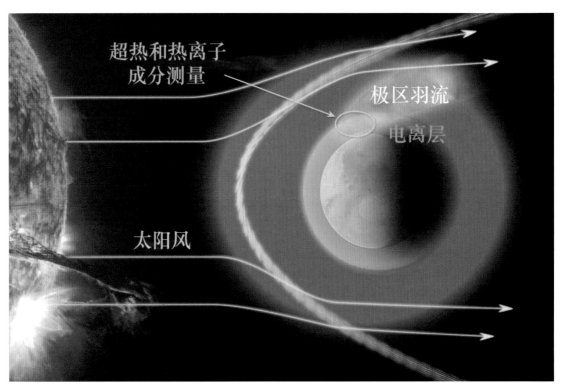

监测离子逃逸情况

痕量气体轨道器是欧洲空间局和俄罗斯联邦航天局（Roskosmos）合作的任务，于 2016 年 3 月 14 日发射，2016 年 10 月 19 日切入火星轨道。这项任务的一个关键目标是更好地了解火星甲烷和其他大气成分，这些气体的浓度很小（不到火星大气的 1%），但可能是生物或地质活动的证据。

太空和地球上的观测站进行的测量显示，火星大气中存在少量甲烷，这些甲烷随时间和地点的变化而变化。由于甲烷在地质时间尺度上是短命的，它的存在意味着存在一个活跃的、当前的甲烷源。目前还不清楚这一来源的性质是生物的还是化学的。地球上的生物在消化营养时释放出甲烷。然而，其他纯粹的地质过程，如某些矿物的氧化，也会释放甲烷。

痕量气体轨道器

痕量气体轨道器携带的科学有效载荷目的就是解决这个科学问题，即探测和表征火星大气中的微量气体。在其大约 400 千米高的科学轨道上，痕量气体轨道器上的仪器将被用来探测大范围的火星大气微量气体（如甲烷、水蒸气、氮氧化物、乙炔），与之前的测量相比，精确度提高了 3 个数量级。

关于火星大气中甲烷的报告一直备受争议，因为探测到的甲烷在时间和地点上都非常分散，而且常常落在仪器探测到的极限。火星快车在 2004 年首次从轨道测量数据中发现了甲烷，当时的甲烷含量达到了 10 ppbv。

地球上的望远镜也报告了未探测到的和瞬态的火星大气甲烷测量结果，最高可达 45 ppbv，而 NASA 的好奇号火星车自 2012 年以来一直在探索盖尔陨击坑，它提出了一个背景水平的甲烷含量，随着季节的变化，在 0.2 ~0.7 ppbv，有一些更高的峰值。

TGO 的新结果提供了迄今为止最详细的全球分析，它发现了 0.05 ppbv 的上限，即甲烷含量比以前所有报告的检测结果低 10 ~100 倍。最精确的探测限 0.012 ppbv 是在 3 000 米高度。

作为一个上限，0.05 ppbv 相当于一个分子在 300 年的预期寿命内排放的 500 吨甲烷，但考虑到大气的破坏过程，分散在整个火星大气中，这一含量是非常低的。

第六节　关注地下

洞察号（InSight）是一颗用于研究火星内部结构的无人着陆探测器。其名字来自其全名"运用地震调查、测地学与热传导对火星内部进行探测"（Interior Exploration using Seismic Investigations, Geodesy and Heat Transport, InSight）的首字母缩写。洞察号装备总重量为 50 千克，包括科学仪器和辅助系统，如辅助传感器套件、摄像机、仪器部署系统和激光反射器。有效科学仪器主要有两个，即内部结构地震实验仪（SEIS）和热传感物理特性箱（HP3）。

洞察号用这两种仪器研究火星的地质演化，还可以带来对内太阳系类地行星（水星、金星、地球、火星）的新认识。为了降低洞察号的成本和风险，洞察号使用了与 2008 年登陆火星的凤凰号相同的设计和技术。

洞察号于 2018 年 5 月 5 日成功发射，在 2018 年 11 月 26 日成功降落在火星表面的埃律西昂平原上，然后利用 SEIS 和 HP3 以及无线电科学实验装置，对火星内部结构进行探测研究。

通过探究火星核心、火星地幔和地壳的大小、火星厚度、火星密度和整体结构，以及火星内部热量逸散的速度，洞察号将了解内太阳系类地行星的演变过程。尽管类地行星有着类似的形成方式，但每个类地行星后来的分化过程我们却知之甚少。

洞察号在执行任务期间将探测火星的地震活动，测量来自火星内部热量的热流率，以此估计火星核心的大小以及核心是液体还是固体，这将是人类首次获取这类数据。洞察号预计每年将探测到 10~200 个流星爆炸气流，这些气流将提供额外的地震声信号，以此进一步探测火星内部。洞察号的次要目标是深入研究地质物理学，并分析火星上的构造活动和陨石对火星的撞击影响，从而了解地球上同样过程的影响。洞察号采集的数据同现有数据相比，其地壳厚度、地幔黏度，岩心半径和密度以及地震活动精确度都将提升 3~10 倍。

2018 年 12 月 7 日，洞察号首次捕捉到火星的风声。

2019 年 4 月 6 日，洞察号首次测量到火星地震。

洞察号在火星表面操作示意图

洞察号展开仪器

采取地震实验以确定火星内部结构

> 洞察开拓新领域，内部结构找规律；
> 密切监测地震波，反演内部诸秘密。

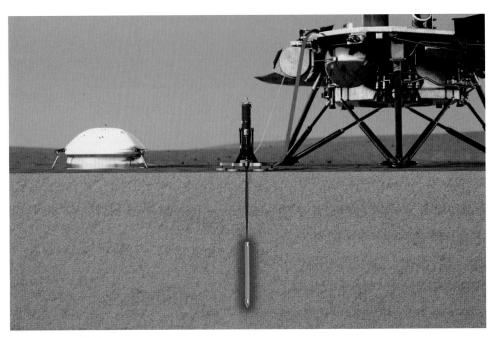

热传感物理特性箱

第七节　辐射成像

2001 火星奥德赛号是 NASA 发射的火星探测卫星，主要任务是寻找火星上的水与火山活动的迹象。探测器的名称是根据电影《2001 太空漫游》命名的。其任务是使用光谱仪和热成像仪探测火星过去或现在的水和冰的证据，以及研究火星的地质和辐射环境。为了完成预定的任务，2001 火星奥德赛携带了三种仪器：热辐射成像系统、伽马射线光谱仪（包含俄罗斯提供的高能中子探测器）以及火星环境辐射探测仪。

火星奥德赛

潇洒当属奥德赛，漫游火星全覆盖。

遥感测量是特长，诸多领域有发现。

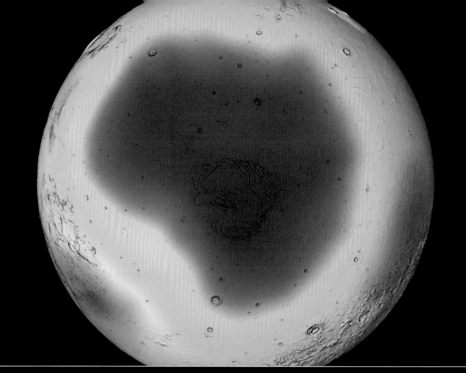

火星北极的夏天（蓝色表示水冰的范围，干冰升华了，水冰都露出来了）

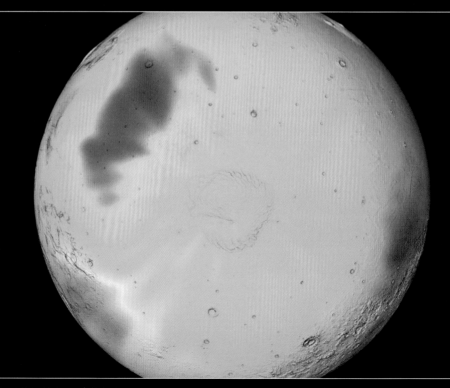

火星北极的冬天（蓝色表示冰的范围，大部分水冰被干冰掩盖了）

第八节　寿命最长

机遇号火星探测车于 2004 年 1 月 24 日到达火星，在火星表面运行的 15 年时间里，创造了许多奇迹。

（1）一杆入洞。2004 年 1 月 25 日，机遇号在火星表面着陆，着陆器经过几次弹跳后，停在一个小陨击坑内，后来将这个小陨击坑命名为"小鹰"。有人这样来形容机遇号火星探测车所创下的奇迹：从一亿多千米外打高尔夫球，一杆入洞。

机遇号火星探测车

抗击沙尘暴，穿越陨击坑；设计只三月，坎坷十五年；
无数新发现，近处识火星；屡屡濒危境，几度夕阳红。

机遇号火星探测车在维多利亚陨击坑

（2）在火星表面运行时间最长。到2010年5月19日，机遇号火星探测车在火星上运行了2 246个火星日，超过了海盗1号着陆器保持的在火星表面运行2 245个火星日的纪录。到2018年6月10日，当它最后一次与NASA联系时，它已经行驶了45.16千米，在火星上运行了15年20天（5 352个火星日）。

（3）战胜沙尘暴。2007年6月底到8月初，火星表面出现严重的沙尘暴，大气层中充满沙尘，到达机遇号火星探测车太阳能电池板上的阳光减少了99%，使机遇号火星探测车所能产生的电能低于设计的下限。因为低于一定值后，火星车无法维持正常温度范围，可能会将仪器冻坏，所以在此期间，机遇号火星探测车保持冬眠的状态。到8月7日，沙尘暴开始减弱，8月21日，车上的电池开始充电，机遇号火星探测车重新恢复驱动能力，终于战胜了沙尘暴。

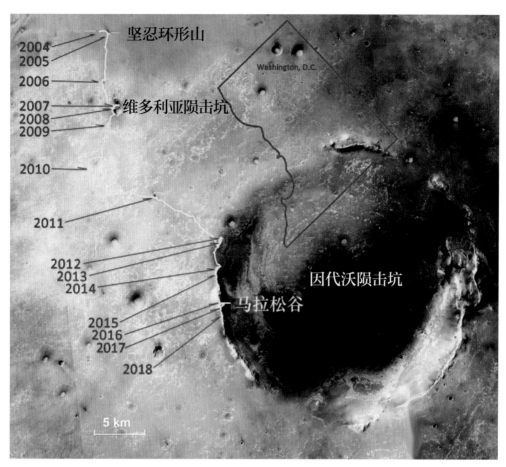

机遇号火星探测车在火星上的行程

（4）发现了陨石。机遇号火星探测车于 2005 年在火星上发现了一块陨石，这是人类第一次在地球以外的行星上发现陨石。

在 15 年的时间内，机遇号火星探测车获得了大量的科学发现，对人类认识火星起了重要作用。

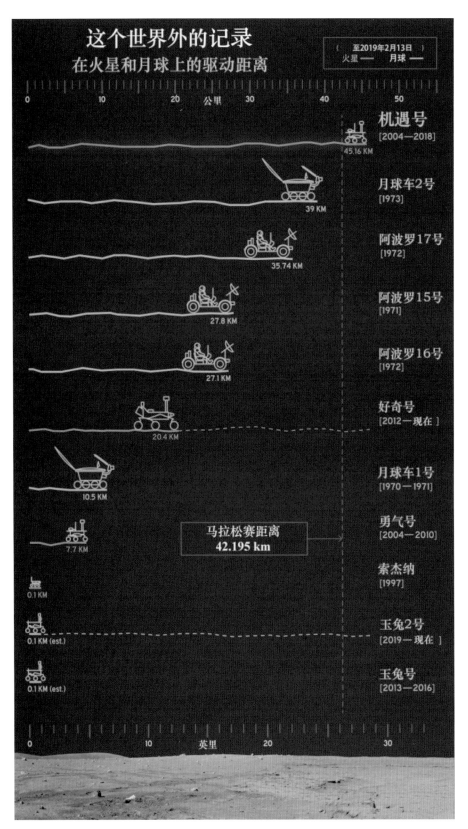

不同探测器在火星和月球上的驱动距离

第七章

2020 火星大聚会

在第五章第四节，我们已经介绍了探测火星的发射窗口。之所以出现 2020 火星大聚会，因为在 2020 年 7 月中到 8 月初这段时间内，地球与火星的相对位置适合发射火星探测器。下图是根据 NASA 喷气推进实验室提供的软件，计算得到不同时间地球与火星的相对位置。看了这幅图，我们就会清楚，为什么各个国家和地区将发射火星探测器的时间定为 2020 年 7 月中旬至 8 月初了。

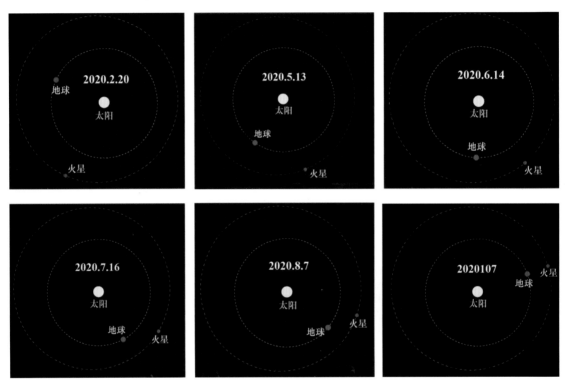

地球与火星的相对位置

第一节　中国探火一箭三雕

2020 年 7 月 23 日，中国首次火星探测任务"天问一号"探测器发射升空，开始了漫长的火星之旅。

"天问一号"的名称源于屈原的长诗《天问》，表达了中华民族对真理追求的坚韧与执着，体现了对自然和宇宙空间探索的文化传承，寓意探求科学真理征途漫漫，追求科技创新永无止境。

　　从工程方面看，中国火星探测的最大亮点，就是同时发射火星轨道器、着陆器和巡视器，这在火星探测的历史上是从来没有的。

　　该任务的科学目标包括发现当前和以前的生命，以及评估火星的表面和环境。火星轨道器和漫游者的单独和联合探索将绘制火星表面地形、土壤特征、物质组成、水冰、大气、电离层场和其他科学数据的地图。

着陆过程示意图

着陆平台示意图

火星车示意图

两只玉兔伴嫦娥，老三成为火星车。

深空探索新领域，国旗伴你去开拓。

轨道器的有效载荷包括以下仪器：

（1）中等分辨率相机（MRC），在 400 千米轨道上有每像素 100 米的分辨率。

（2）高分辨率相机（HRC），在 400 千米轨道上有每像素 2 米的分辨率。

（3）火星磁力仪（MM）。

（4）火星矿物光谱仪（MMS），用于测定元素组成。

（5）轨道飞行器地下雷达（OSR）。

（6）火星离子和中性粒子分析仪（MINPA）。

火星车上的有效载荷包括以下仪器：

（1）测地雷达（GPR），观察火星表面以下大于 100 米深度的地层特征。

（2）火星表面磁场探测器（MSMFD）。

（3）火星气象测量仪（MMMI）。

（4）火星表面化合物探测器（MSCD）。

（5）多光谱相机（MSC）。

（6）导航和地形摄像机（NTC）。

为了确保火星探测器成功着陆，中国在河北怀来地区建立了一座火星着陆模拟试验场，用来演练火星着陆技术。2019 年 11 月 14 日，中国国家航天局邀请部分外国驻华使馆及国际组织人员、中外媒体记者约 70 人，赴河北怀来观摩中国首次火星探测任务着陆器悬停避障试验，并参观相关试验设施。

为了模拟在火星环境下的着陆，中国航天科研人员专门建造了一整套设施。它由三个部分组成：塔架、随动系统和地面的火星表面模拟区域。最显眼的是 6 个钢结构的塔架，通过上方的环形桁架连接成一个柱形的刚体结构。塔架高 140 米，内圈直径 120 米，足以满足模拟火星降落时的空间。随动系统是中间的红色平台，它通过 36 根钢缆进行固定，下面垂吊的就是长着四条"腿"的火星探测器。通过精确控制平台的运动速度，它可以承担火星探测器的部分重量，进而为探测器模拟出火星的重力环境。此外，塔架下方的地面上还铺设有特殊材料，形成各种坑和坡的形状，从而模拟火星的表面特性，考

塔架

验下降过程中火星探测器搭载的相关光学和电子设备能否发挥作用。2019 年 11 月 14 日进行的试验是模拟火星探测器在距离火星表面 67 米的高度上悬停，并自主寻找遍布坑与碎石的地面安全着陆区，然后避障下降到 20 米的全过程。

　　试验开始后，伴随着震耳的轰鸣声，被吊在高空中的火星探测器向下喷出火焰，然后开始缓缓下降。不过下降动作并没有持续多久，火星探测器就在空中悬停住，并自行向左调整位置，避开地面的各种障碍物寻找合适的降落地点。待找好位置后，它再度缓缓下降，最终平稳地在 20 米高度停机。

火星探测器下落

着陆器悬停

地面准备工作

第二节　美国新车起点很高

火星 2020 漫游者任务的毅力号火星车是在好奇号火星车的基础上研制的，对许多技术进行了改进，性能有很大提升。它和汽车一般大小，大约 3 米长，2.7 米宽，2.2 米高，重 1 050 千克。火星 2020 漫游者任务旨在实现火星探索的高优先级科学目标，包括关于火星上是否存在生命的关键问题。该任务的下一步不仅是寻找远古时期火星上宜居条件的迹象，而且要寻找过去微生物生命本身的迹象。毅力号火星车引入了一种钻头，它可以收集最有希望保存生命迹象的火星岩石和火星土壤的核心样本，并将它们放在火星表面的"贮藏处"。未来的任务可能会把这些样本送回地球。这将有助于科学家在实

毅力号火星车

源自好奇胜好奇，评判火星曾宜居。

钻探取样寻生命，就位制氧创第一。

验室里研究样本。该任务还提供了收集知识和展示技术的机会，以应对未来人类到火星探险的挑战，包括测试一种从火星大气中产生氧气的方法，识别其他资源（如地下水），改进着陆技术，描述天气、灰尘和其他可能影响未来航天员在火星生活和工作的潜在环境条件。

毅力号火星车增加了新的进入、下降和着陆（EDL）技术，如地形相对导航（TRN）。地形相对导航允许火星车探测并避开危险的地形，方法是在火星车通过火星大气层下降的过程中绕过它。一个麦克风帮助工程师分析进入、下降和着陆。它还可能捕捉到火星车工作时的声音，这将为工程师提供有关火星车健康状况和运行状况的线索。

毅力号火星车首次携带钻孔器，从火星岩石和火星土壤中提取样本。它使用一种名为"贮藏缓存"的策略，在火星表面的管道中收集和存储核心。"贮藏缓存"展示了一种新的收集、存储和保存样本的功能。它可能会为未来的任务铺平道路，收集样本，并将其返回地球进行深入的实验室分析。

毅力号火星车通过一项从火星大气（96% 是二氧化碳）中提取氧气的技术，帮助人类为未来的火星探索做准备。这项新技术的演示有助于任务人员测试利用火星自然资源支持人类探索火星的方法，并改进生命支持、运输和其他重要的火星生活和工作系统的设计。

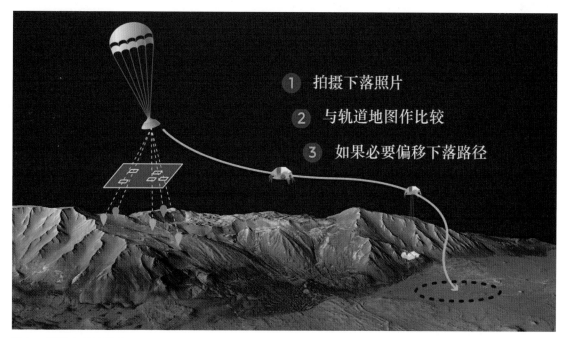

进入、下降和着陆技术

　　毅力号火星车有以下四个科学目标。

　　（1）寻找宜居性环境：确定过去能够支持微生物生存的环境。

　　（2）寻找生物特征：在那些适宜居住的环境中寻找过去微生物可能存在的迹象，特别是在已知能够保存生命迹象的特殊岩石中。

　　（3）贮藏样本：收集岩芯和"土壤"样本，并将其储存在火星表面。

　　（4）为人类探索火星做准备：测试火星大气中的氧气产量。

　　所有这些都与火星可能成为生命存在的地方有关。前三种考虑过去微生物生命存在的可能性。即使毅力号火星车没有发现任何过去生命的迹象，它也为人类将来在火星上生活铺平了道路。毅力号火星车还进行了与其四个科学目标相关的其他科学研究。例如，毅力号火星车监测火星大气中的天气和灰尘。这些研究对于理解火星上的每日天气变化和季节天气变化很重要，并将帮助未来的人类探险家更好地预测火星的天气。

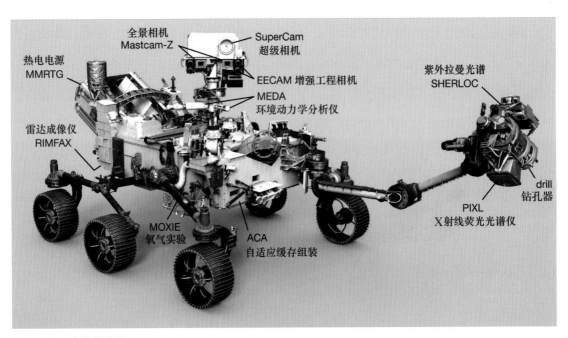

毅力号火星车携带的仪器

满载科学仪器，配备多台相机；

无论表面地下，奥秘尽收眼底。

为了实现上述科学目标，毅力号火星车将携带 7 台仪器进行科学和探索技术调查，同时还携带了 23 台相机，其中工程相机 9 台，科学相机 7 台，下落与着陆相机 7 台。7 台仪器的具体功能如下：

全景相机（Mastcam-Z），一种先进的摄像机系统，具有全景和立体成像能力及缩放能力。该仪器还将测定火星表面的矿物成分，并协助毅力号火星车的运作。

超级相机（SuperCam），一种可以提供成像、化学成分分析和矿物成分分析的仪器。该仪器还将能够从远处探测岩石和风化层中是否存在有机化合物。

X 射线光化学行星仪（PIXL），一种 X 射线荧光光谱仪，其中还包含一台高分辨率成像仪，用于确定火星表面物质的精细元素组成。PIXL 将提供比以往任何时候都更加详细的检测和分析化学元素的能力。

紫外拉曼光谱仪（SHERLOC），该光谱仪将提供精细成像，并使用紫外线激光确定精细矿物成分和检测有机化合物。SHERLOC 将是第一个飞往火星表面的紫外拉曼光谱仪，并将与有效载荷中的其他仪器进行互补测量。SHERLOC 包括一台用于火星表面微观成像的高分辨率彩色相机。

火星氧气实验（MOXIE）设备，一台用于从火星大气中的二氧化碳中产生氧气的探索技术调查的仪器。

火星环境动力学分析仪（MEDA），由一组传感器构成，可以测量温度、风速和方向、压力、相对湿度、灰尘大小和形状。

火星地下探测雷达成像仪（RIMFAX），一种探地雷达，可以提供厘米级分辨率的地下地质结构。

在毅力号火星车进入指定着陆点后，还会释放出一架直升机，用于验证在这个红色星球的稀薄大气层内，这种交通工具的可行性和潜力。

2020 年 3 月初，NASA 公布了毅力号火星车的正式名称是"毅力"（Perseverance）。这名称和以往一样，来自 2019 年举办的美国全国征名活动，从美国高中以下学生所提供的 29 000 个名字当中筛选，先由 4 700 个志愿者选出 155 个候选名字，再由公众投票选出最高票的 9 个进入最后阶段，交由 NASA 高管组成的委员会进行拍板定案。最后获选的名字是由维吉尼亚州的一名中学生提供的。

毅力号火星车携带的直升机

火星飞起直升机，21世纪第一奇。
深空探测新纪元，行星探索新工具。

第三节 阿联酋发射希望号

2014年9月，阿联酋颁布2014年1号总统令，阿联酋航天局正式成立。2014年10月，阿联酋航天局与默罕默·德本·拉希德太空中心（MBRSC）签署希望号火星探测项目协议。希望号火星探测项目由MBRSC研制、管理和运行，美国科罗拉多大学、美国加州大学伯克利分校和美国亚利桑那州立大学与阿联酋合作研制希望号火星探测器携带的有效载荷，日本三菱重工业股份有限公司将提供H-2A运载火箭发射任务。

2014年7月，当阿联酋宣布将向火星发射一颗卫星时，将发射日期定在2020年7月，距离他的宣布只有6年时间。这意味着希望号火星探测器将在2021年抵达火星，也就是阿联酋成立 50 周年的那一年。

2020 年 7 月 20 日，希望号火星探测器成功发射。

希望号火星探测器在很多方面都是最先进的气象卫星，它将有助于回答一些关于火星气候和火星大气的突出问题。希望号火星探测器有以下四个主要目标：

（1）寻找火星当前的天气和火星古代的气候之间的联系。大量的地球物理证据表明，火星曾经是一个更温暖、更湿润的星球，表面有大量的液态水。过去的那些条件可能是某种形式的生命进化的最佳条件。

（2）研究将氧气和氢气从火星大气中分离出来的机制。火星大气的消失被认为是火星变成寒冷沙漠的根本原因，在那里水只能以蒸汽或冰的形式存在。了解是什么驱使这些重要的大气成分消失，有助于研究人员了解火星大气是如何随时间演变的，以及火星上的生命是如何消失的。

（3）研究火星下层大气和上层大气之间的联系。

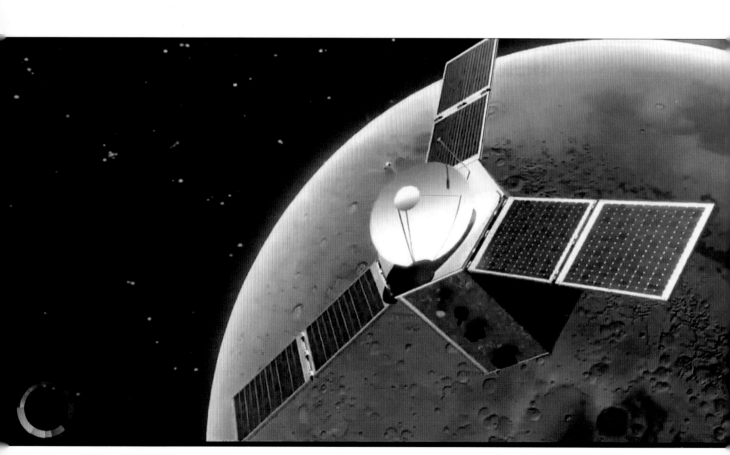

希望号火星探测器

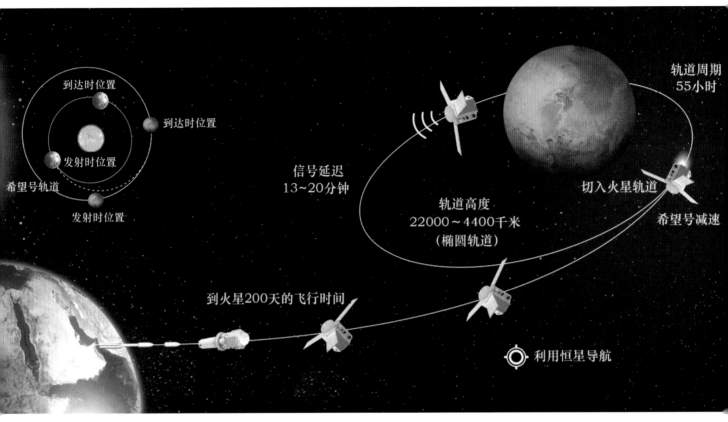

到达时位置

到达时位置

希望号轨道

发射时位置

发射时位置

轨道周期
55小时

信号延迟
13~20分钟

切入火星轨道

希望号减速

轨道高度
22000~4400千米
（椭圆轨道）

到火星200天的飞行时间

利用恒星导航

希望号火星探测器的行程

（4）创建火星大气在一天、一个季节和一年中的变化的全球图片。现有的数据只能提供火星上一小段时间内的温度和气候信息。如果成功，希望号火星探测器收集的数据将首次提供多年来火星的整体气候视图。

附　俄欧合探火星生命

ExoMars计划的2020年任务是把一个欧洲的火星车和一个俄罗斯的地面平台送到火星表面。ExoMars火星车将穿越火星表面寻找生命迹象。它将用钻头收集样本，并使用新一代仪器进行分析。但遗憾的是，欧洲空间局与俄罗斯联邦航天局在2020年3月12日宣布将ExoMars项目中的火星车推迟到2022年发射。发射虽然推迟了，我们这里还是介绍一下这个火星车的情况吧，这样也可以让读者对这一轮的火星探测做个对比。

ExoMars 火星车是一台六轮高自动化的越野车,重量约 270 千克,比勇气号火星探测车和机遇号火星探测车重约 100 千克。

ExoMars 火星车使用太阳能电池板产生所需的电力,并在新型电池和加热装置的帮助下度过寒冷的火星之夜。由于同地球的通信机会很少,每火星日只有 1~2 次短的时间,ExoMars 火星车是高度自动的。地球上的科学家将根据安装在 ExoMars 火星车桅杆上的摄像机采集到的压缩立体图像来指定目标目的地。然后,ExoMars 火星车必须计算出导航方案,并以每火星日大约 100 米的速度安全行驶。

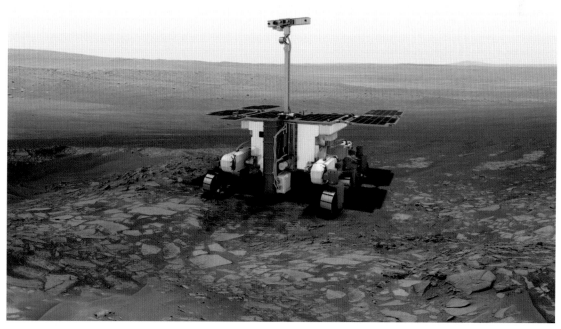

ExoMars 火星车

欧俄携手探火星,两强联合信心增。

钻探取样寻生命,全面深入识火星。

ExoMars 计划的科学目标依优先级分为如下几项：

（1）寻找在过去或现在的火星生命可能的生物标记。

（2）确定火星浅层地表下火星的水和地球化学与深度相关的分布状态。

（3）研究火星表面环境并研判其对未来载人火星任务的危害性。

（4）探讨火星表层和深层的内部，以更好地理解其演化和适居性。

（5）逐步实现最终将火星样本取回的任务。

ExoMars 计划发展的技术目标：

（1）增加登陆火星的有效载荷。

（2）在火星上利用太阳电力。

（3）利用钻孔机收集火星地下深度达到 2 米的样品。这个深度的岩石不会受到紫外线、氧化与高能离子分解。

（4）开发有地表勘探能力的漫游车。

为了实现上述科学目标，ExoMars 火星车携带了多种科学仪器。

火星现在的环境对于生物在表面繁殖是相当不利的，火星表面太过干冷，且暴露于强烈的紫外线和宇宙射线中。尽管有这些险恶条件，低级的微生物仍可能生存于被保护的火星地表下或者是岩石缝隙甚至岩石内。ExoMars 火星车将使用多种科学仪器进行环境生物物理、火星过去与现在的适居性和可能的火星表面生物特征研究。这些仪器分为三大类，即全景摄像系统（PanCam）、钻孔机和分析仪器。

全景摄影系统用来为火星车导航并显示火星岩石表面可能的古生物活动造成的地质特征。该系统有两台广角摄像机拍摄多光谱立体全景影像，以及一台高分辨率摄像机拍摄高清晰彩色影像。PanCam 可拍摄难以到达区域的高分辨率影像并以此方式支援其他仪器的科学测量，例如撞击坑或岩壁。另外，PanCan 也可以协助进行太空生物学研究最佳地点的选择。

ExoMars 火星车上的钻孔机可以取得最深 2 米的土壤样本，可适用于各种土壤。钻孔机可取得土壤或岩石的岩心样本（直径约 1 厘米，长度 3 厘米）并将样本带到火星车的样本盒内进行分析。钻孔机内装设了研究火星表面下的多光谱摄像机，这是一台小型的、可探测钻孔的红外线摄谱仪。钻孔机将进行两个完整的垂直钻孔 2 米深试验循环（每次

全景摄像系统（圆圈内）

钻探

取得 4 份样本）。这表示至少将取得 17 份样本并进行后续分析。

分析仪器有 6 种，包括火星有机分子分析仪（MOMA）、红外线摄谱仪、X 射线衍射仪、拉曼光谱仪、表面下研究多光谱摄影机和透地雷达。火星有机分子分析仪是重中之重的仪器。

火星有机分子分析仪包含一个激光脱附离子源和气相层析质谱仪。激光脱附离子源可以使有机分子蒸发，即使该种分子并非具有挥发性。气相层析质谱仪则可以用气相层析的方式分离出高挥发性的小分子。最后分析出来的分子将用四极质谱仪进行分析。

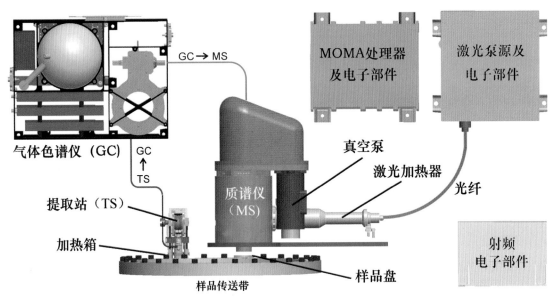

有机分子分析仪的结构

着陆点的选择也是 ExoMars 研究团队非常重视的问题。选择着陆点主要根据两个原则，即科学研究价值和着陆的安全性。

为了寻找过去和现在的火星生命迹象，着陆地点必须是一个地质多样的古老地点，并显示出曾经有很强的居住潜力。对于上古时期，形成时间超过 36 亿年。在这种情况下，居住潜力意味着必须有大量的证据表明，水曾经在这个地点存在过很长一段时间，或者经常在这个地点重现。它也必须是安全的着陆地点。没有安全着陆，就没有科学。

火星大气状态的不确定性意味着无法绝对精确地确定着陆地点。ExoMars 下降舱将以大约每小时 20 000 千米的速度进入火星大气层。舱前的隔热板将被用来使 ExoMars 下降舱减速到大约两倍于声速的速度。此后，它将展开第一个降落伞，即稳定减速伞。半分钟后，稳定减速伞将被丢弃，另一个更大的降落伞将打开，将 ExoMars 下降舱降至亚声速。雷达将测量到地面的距离和模块在地面上的速度。计算机将接收这些信息，并将其与下降模块的姿态信息相结合，以决定如何以及何时开始使用火箭发动机的可控着陆阶段。

考虑到这些不确定性，最好的办法就是对可能的着陆地点进行概率预测。这种分析的结果可能是一个椭圆形的区域。对于 ExoMars 下降舱来说，着陆椭圆是一个长 104 千米、宽 19 千米的区域。

安全着陆需要足够的大气层来有效减缓其下降速度，因此着陆地点必须位于火星的低洼地区。着陆点不能包含可能危及着陆的特征，如许多火山口、陡坡和大岩石。

检查所有这些要求能否得到满足是一项需要数年时间才能完成的艰巨工作。

决定着陆地点的过程的第一步是召集一批了解火星地形的顶尖科学家。申请通知于 2013 年 11 月 1 日发布。在此之后，ESA 成立了 ExoMars 着陆地点选择工作组（LSSWG），这是一个能够处理科学和工程约束的团队，需要在着陆地点被"认证"之前对其进行验证。

接着是向更广泛的行星科学家征求他们对着陆地点的建议。这是从 2013 年 12 月开始的，到 2014 年 2 月 28 日，LSSWG 收到了 8 个响应要求的提案。

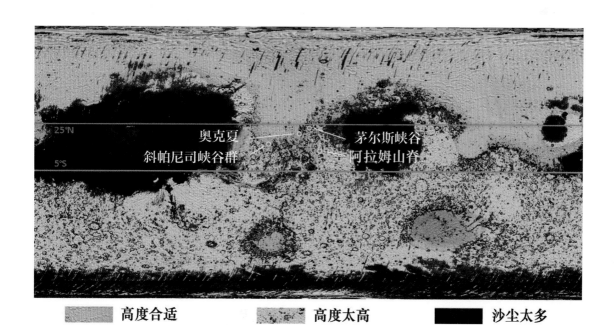

高度合适　　　　高度太高　　　　沙尘太多

选择着陆地点的考虑因素

　　下一项工作是筛选建议，并起草入围名单。LSSWG 的第一次着陆地点选择研讨会于 2014 年 3 月 26 日至 28 日在马德里举行，对不同的着陆地点进行了讨论。2014 年 12 月，举行了第二次着陆地点选择研讨会，确定了 4 个候选着陆地点。2015 年 10 月，举行第三次着陆地点选择研讨会，在这次会议上，着陆地点选择工作组建议将奥克夏高原（Oxia Planum）作为 2020 年发射机会的两个候选着陆地点之一，第二个着陆地点将从阿拉姆山脊（Aram Dorsum）和茅尔斯峡谷（Mawrth Vallis）中选择。第四次着陆地点选择研讨会于 2017 年 3 月举行，确定了奥克夏高原和茅尔斯峡谷为候选着陆地点。

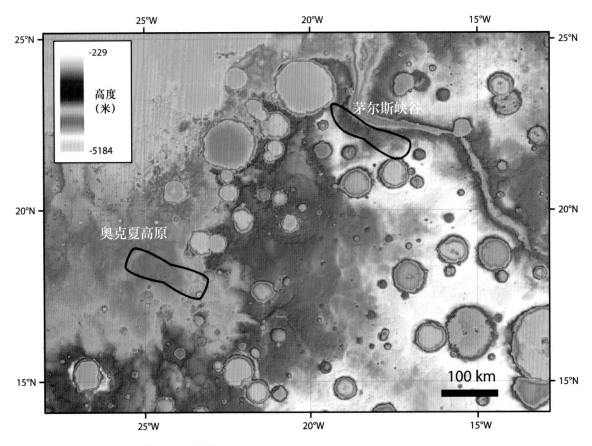

ExoMars 火星车候选着陆地点地形图

奥克夏高原地形

第八章

期盼人类早登火

　　纵观 2020 火星大聚会，尽管各国都展现出各自的先进技术，但总体上来看没有出现颠覆性技术。若想在寻找火星水和火星生命以及其他关键科学问题上取得新突破，在探测技术、探测方式等方面，必须有新思路。从探测方式方面看，要积极采取火星取样返回（MSR）的任务方式，这种方式不仅可以获得新的科学成果，也是开展载人登陆火星的前提。在着陆点选择方面，除了继续在可能是沉积层的地区外，可以考虑在火星洞穴附近着陆，直接探测火星洞穴内的环境。除了关注火星水和火星生命外，也应积极展开其他方面的重大科学问题。如火星磁异常问题、火星大气中甲烷含量和分布问题、火星含水矿物含量及分布问题、就位资源利用问题等。

第一节　取样返回意义非凡

　　人类的火星探测有轨道器、着陆器和巡视器三种方式。现在，人们又开始酝酿火星取样返回这种方式。可能有人要问，已经有三种方式了，特别是巡视器可以就位探测，为什么还要把火星样品带回地球呢?

　　火星取样返回是一种非常重要的探测方式，是其他探测方式无法取代的。这种方式的重要意义可概括为以下五个方面。

　　（1）一些深层次分析化验任务需要做复杂的样品准备工作，而这些工作是无法在火星表面完成的，只有在地球的实验室才能进行。例如，要确定样品的地质年代，要求在清洁的条件下先进行高纯度矿物分离，然后提取和浓缩微量元素，如铷、锶和钐。在地球的实验室中进行这项工作的程序已经很完善，但要在火星上进行这项工作，还远远不具备条件。有些研究需要将样品加热到高温（>1 000 ℃），使用特殊的有机溶剂进行萃取，然后对萃取物进行化学分析，生成用于有机分析的衍生物；还有冷冻干燥法等。还有一个关键的例子是薄切片的准备，我们在做一些测试前，需要把样品切成薄片，但是简单的机器人系统不可能完成这样的工作。

　　（2）有些高精尖仪器无法送到火星。某些仪器不适合安装在火星着陆器上，因为它们体积太大，需要太多的能量，需要太多的维护，或者有复杂的操作程序（例如加载/

操作样本）。计算机断层扫描（CT）就是一个例子。

（3）探测仪器的多样性。到目前为止，原位探测任务仅限于5~10种科学仪器。然而，我们可以使用50~100种仪器分析返回的样品，包括未来的、甚至还没有设计出来的仪器。这可以大大增强人类取得重要发现的能力。

（4）在地球上发现的火星陨石对某些问题有用，但不是所有问题。火星陨石已经被广泛接受大约20年，谢尔戈蒂、纳赫利赫和恰西尼（SNC）陨石来自火星，现在已知的大约有40颗SNC陨星。它们都是相对较新的火成岩，来源于较厚的玄武岩或次火山侵入岩。然而，当前的高优先级科学问题，特别是与生命目标相关的问题，也需要对沉积岩、热液蚀变岩和演化火成岩进行分析，而这类陨石需要在火星表面直接收集。

（5）对遥感数据精确标定。轨道器对火星表面的探测基本上都是采用遥感的方法。对遥感数据进行分析时，需要进行精确的标定。如果我们对有代表性地区最关注物质的有关物理化学参数进行准确测试，就可以大大提高遥感数据的精度。

火星取样返回探测对样品的要求是很高的，要满足多项条件，才能达到预定的科学目标。由NASA和欧空局联合构建的国际火星取样返回（MSR）目标和样品小组（iMOST）对火星取样返回的科学目标问题进行了最深入、最全面的研究，并取得最新成果。iMOST已经为MSR确定了七个目标，前两个目标进一步分为多项子目标。在报告的主要部分，iMOST描述了每个目标对科学研究工程的重要性，规定了能够实现目标的关键测量，以及最有可能携带关键信息的样本种类。这七个目标为展示第一组返回的火星样品将如何影响未来的火星科学和探索提供了一个框架。它们还涉及今后如何对从其他太阳系天体返回的样品进行类似的调查，特别是那些可能含有生物相关或敏感物质的样品，如"海洋世界"（木卫二，土卫二，土卫六）和其他天体。

iMOST标识的MSR目标和子目标包括以下内容。

目标1：解释构成火星地质记录的主要地质过程和历史，强调水的作用。

意图：调查火星2020着陆场所代表的地质环境，为采集的样品提供明确的地质背景，并详细说明可能与过去生物过程相关的任何特征。

这一目标分为五个子目标，适用于不同的着陆场。

（1）描述火星沉积岩序列的基本地层、沉积学和变化。

意图：了解保存下来的火星沉积记录。

样品：跨越变化范围的一组沉积岩。

重要性：直接关系到对火星水的历史、火星气候变化和火星生命可能性的基本投入。

（2）通过研究古代火星热液系统，了解其矿化产物和形态表达。

意图：评估至少一个潜在的生命"可居住"环境。

样品：一组由热液形成或改变的岩石。

重要性：确定火星具有高保存潜力的潜在可居住的地球化学环境。

（3）了解代表深层地下水环境的岩石和矿物。

意图：明确评估水在火星地下的作用。

样品：代表火星地下水／岩石相互作用的岩石／脉层。

重要性：可能是寿命最长的宜居环境，也是水文循环的关键。

（4）了解火星表面的水／岩石／大气的相互作用，以及它们如何随时间而变化。

意图：限制保存微生物生命记录所必需的时间变量。

样品：风化层、古土壤和蒸发岩。

重要性：近火星表面风化层、古土壤和蒸发岩可以支持和保存微生物生命。

（5）确定火星火成岩岩石生成的时间和空间分布。

意图：提供火星上火成岩的明确特征。

样品：火星多组古代火成岩的风化层、古土壤和蒸发岩。

重要性：火星和内部性质的热化学记录。

目标2：评估和解释火星的潜在生物历史，包括为生命证据的返回样本进行检测。

意图：调查火星可居住性的性质和范围，支持或影响生命的条件和过程，不同的环境如何影响生物特征的保存，并产生非生物"模拟"，并寻找火星上过去或现在生活的生物特征。

这一目标有三个子目标。

（1）评估和描述碳，包括可能的有机和生命前化学。

样品：同目标1收集的所有样本。

重要性：火星上的任何生物分子支架材料都可能是碳基的。

（2）在托管可居住环境并可能保留任何生物特征的场所中，对过去火星上生活的生物特征进行检测。

样品：同目标 1 收集的所有样本。

重要性：提供发现火星古代生命的手段。

（3）评估检测到的任何生命形式是活着的，或者最近活着的可能性。

样品：同目标 1 收集的所有样本。

重要性：行星保护，最重要的科学发现。

目标 3：定量确定火星的进化时间表。

意图：为火星上的重大事件提供放射性同位素的时间尺度，包括岩浆、构造、流水、撞击事件，以及主要沉积物和地貌特征的形成。

样品：火星古代火成岩。

重要性：火星地质史的量化。

目标 4：确定火星挥发物随地质时代的变化关系，并确定这些挥发物与火星相互作用的方式。

意图：识别和量化挥发物（在大气和水文圈）在火星地质和生物进化中的重要作用。

样品：当前火星大气气体、被困在旧岩石中的火星古代大气气体以及与火星古代大气平衡的矿物。

重要性：了解火星气候和火星环境演变的关键。

目标 5：重建影响火星内部起源和变化的过程，包括地壳、核心和火星发电机的演化。

意图：量化形成行星地壳和底层结构的过程，包括行星分化、核心分离和磁发电机状态以及形成陨击坑的过程。

样品：火成岩、潜在的磁化岩石（火成和沉积）和撞击产生的物体的样品。

重要性：阐明比较行星学的基本过程。

目标 6：了解和量化未来人类探索火星时火星的潜在环境危害陆地生物圈。

意图：定义和减轻与火星环境相关的一系列健康风险，这些风险与人类未来对火星的探索有关。

样品：细粒度粉尘和落尘样品。

重要性：对行星保护规划和航天员健康的关键投入。

目标 7：评估火星原位资源的类型和分布，以支持未来的火星探测。

意图：量化火星资源的潜力，包括利用火星资源作为人类消费、燃料生产、建筑制造和农业的水源。

样品：风化层。

重要性：生产相似物，促进人类在火星上的长期存在。

第二节　多项技术逐一攻关

火星取样返回在技术上是相当复杂的，需要在开展这项工作之前逐一攻破技术难关。这些技术包括样品的提取和密封技术、从火星表面上升技术、在火星轨道交会对接技术、从火星返回地球的技术等。人类虽然已从月球、小行星和彗星取样返回，但还未从火星这样大的天体取样返回。火星取样返回对运载火箭和轨道设计的要求都很高。

火星取样返回的操作比较复杂，与以往三种探测方式相比，增加了取样和在火星轨道交会对接的环节。下图概括了火星取样返回的全过程。

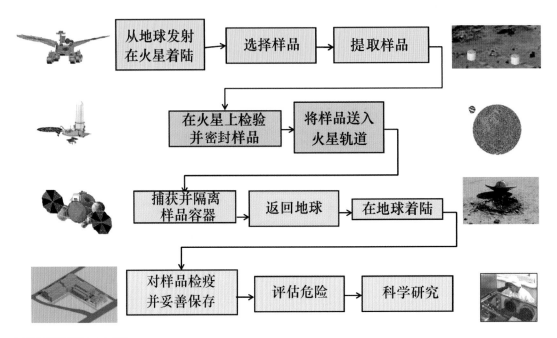

火星取样返回的全过程

　　在对科学目标论证的基础上，许多研究团队也对火星取样返回的具体实施方案进行了细致的研究。下图是众多方案的一种，按时间顺序给出了火星取样返回的全过程，包括从地球发射运载火箭、着陆火星、提取样品，然后返回地球。

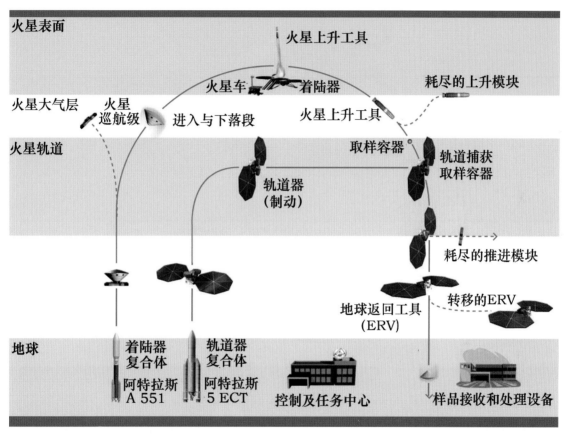

火星探索工作组提出的一个火星取样返回参考方案

　　2019 年，NASA 和 ESA 提出了联合火星取样返回探测计划，即 NASA–ESA 火星样本返回计划。

　　（1）提前取样。目前，MSR 任务的第一阶段目标已接近完成：NASA 耗资 25 亿美元研制的毅力号火星车于 2020 年 7 月 30 日发射，将在有 40 亿年历史的耶泽罗陨击坑着陆。耶泽罗陨击坑里有保存完好的远古河流三角洲的化石，该区域的岩石保存着关于火星漫长而多样的地质历史时期的信息。毅力号火星车可四处活动，钻探小块泥岩和其他岩石（这些岩石可能蕴藏着古老生命的蛛丝马迹），采集岩心样本。

毅力号火星车在钻探取样示意图

　　毅力号火星车采集的每个样本将包含 20 克岩石和粗砂，存储于约手电筒大小的样本管内，NASA 会将一些样本管暂时寄存在火星表面；另一些则放在毅力号火星车上。

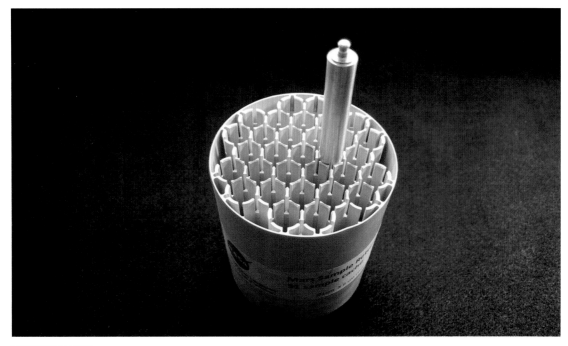

存储样品的容器

（2）发射取样返回着陆器。取样返回着陆器将于 2026 年 7 月发射。熟悉火星探索的人可能会意识到，2026 年 7 月远早于 2026 年 10 月开启的发射窗口。然而，2026 年直接飞离地球的取样返回着陆器将在 2027 年 8 月登陆火星表面。这恰逢火星北部夏末时节，一年中最大的火星沙尘暴可能对太阳能取样返回着陆器和取样火星车造成致命威胁。取样返回着陆器将采取一个不寻常的"长期轨道"到火星，发射后，取样返回着陆器将绕太阳运行 1.5 圈，于 2028 年 8 月到达火星，大约是火星北部春分时。在每年的这个时候，沙尘是最少的，这使得取样返回着陆器和取样火星车任务结束时，在遇到火星沙尘暴的可能性非常低的情况下进行回收操作。着陆火星后，取样火星车将从取样返回着陆器中驶出，寻找几年前散落的样本管。取样火星车将依靠太阳能供电，因此，在阳光日益减弱的火星冬季到来之前，它只有 6 个月时间完成任务。为此，它每天需要在自动导航的情况下前进 200 米。

取样返回着陆器着陆示意图

机械臂将样品管从取样火星车传送到取样返回着陆器示意图

飞离火星表面

一旦采集到所有样本，取样返回着陆器将使用火星上升飞行器将它们发射到火星轨道上。

（3）交接。火星上升飞行器将装满样本的容器发射到距离火星表面300千米高的轨道内，以与ESA的地球返回轨道器交汇。地球返回轨道器跟随取样返回着陆器一起到达火星，目的是抓取进入火星轨道的样本。

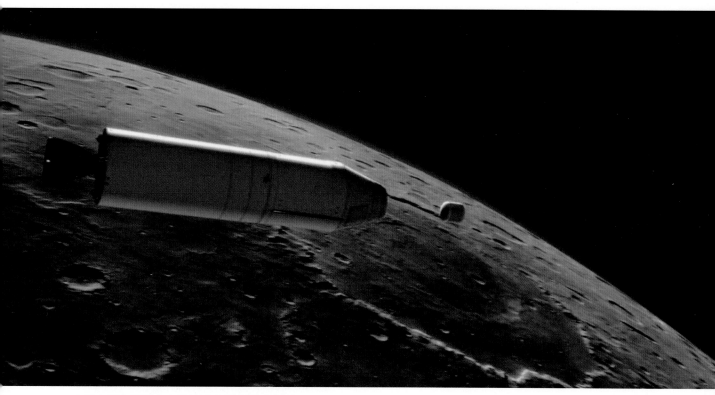

火星上升飞行器在火星轨道上展开样品容器

　　顺利"会师"后，由 NASA 建造的机械装置会将样本容器放入火星样本筒中，随后进行密封并消毒，火星样本筒会被放置于一辆名为"地球进入舱"的盘形车内，盘形车随后会在减震器的保护下，在没有降落伞减速的情况下，降落于犹他州的沙漠。

地球返回轨道器

　　NASA-ESA火星样本返回计划由多个部件构成：NASA的火星上升飞行器（左），ESA的地球返回轨道器（中），火星样本筒（上），地球进入舱（右）。

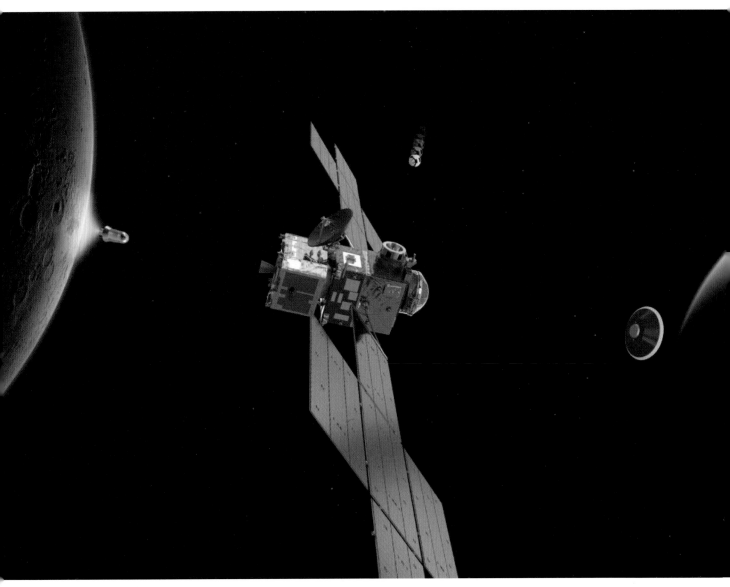

火星样品返回部件

　　（4）返回。样本将于2031年回到地球，之后将置于一个隔离设施中，使其不受地球微生物等的污染。

取样返回着陆器返回地球

火星样品返地球，高级仪器齐动手。

科学信息如泉涌，探火迎来大丰收。

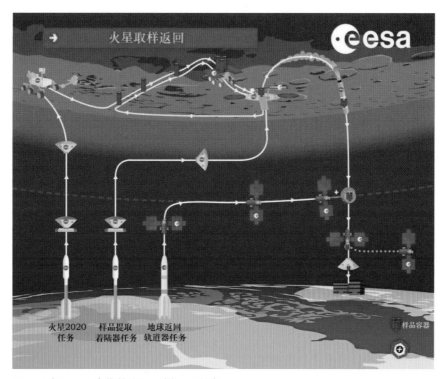

NASA 与 ESA 合作的火星取样返回任务

第三节　载人探火极其重要

NASA 确定的目前火星探测目标包括四个方面：寻找火星过去和现在是否有生命存在、研究火星气候的特征、分析火星地质演化的特征和为载人探测火星做准备。这些火星探测目标也是其他国家探测火星所追求的主要目标。如果人类做好了载人探测火星的准备，那么一个突出的问题是：人类为什么要登陆火星？已有环绕火星运行的科学卫星、有各种火星着陆器，不久的将来还将开展火星取样返回探测，投入巨资，将航天员送到火星，是否有必要？

其实类似问题在开展载人登月时就遇到了。对于载人探测火星来说，又有一些特殊的方面，如火星比月球距离地球更加遥远；载人探测的风险远高于载人登月；一些关键技术短期内难以突破；火星上没有像氦 3 那样诱人的资源。凡此种种，人类究竟有哪些要载人探测火星的理由呢？

1. 载人探测火星的意义与挑战

关于这方面的论述在媒体上经常可以看到。有人说，地球人口呈爆炸增长趋势，终有一天要向其他星球移民，火星是最好的选择；还有人说，太阳将来会演变成红巨星，地球上无法居住，因此人类要为第二家园早做准备。这里对这些观点不予评论，相信读者都有自己的判断。这里要强调的是，开展载人火星探测，体现的是人类不断的探索和创新发展的精神。

（1）探索是创新和发现的催化剂。人类对大自然、对宇宙空间的探索是永无止境的。载人探测火星，就是人类探索精神的体现。尽管会遇到许多挑战，但人类的历史就是不断面对挑战、迎难而上、不断创造奇迹的历史。载人登月是 20 世纪人类在太空探索方面的一个里程碑；在 21 世纪，特别是在人类太空探索的第二个 50 年内，最重大的事件恐怕就是载人探测火星和发现地外生命。

（2）火星的许多科学问题的最终解决，离不开人类的直接参与。弄清火星上现在和过去是否有生命，这个问题的难度很大。在火星表面，由于恶劣的气候和强烈的粒子辐射，很难维持生命存在；而一些洞穴或溶洞区域，机器人难以到达，即使能到达，也难以对复杂问题做出正确判断。而训练有素的航天员，可以更轻易地判断和解决一些现场遇到的问题。

（3）载人探测火星需要突破一些关键技术，突破这些关键技术，会极大地增强人类探索宇宙空间的能力；同时，也将在一定程度上促进经济的发展，提高人类在地球上的生活质量。

（4）人类的进步和扩张。载人探测火星只是人类探索宇宙的一个阶段性新目标，实现了这个目标，将为实现更远的目标，如探索木卫二、土卫二和土卫六等其他可能有生命的天体奠定基础。从更长远的目标考虑，人类探索的足迹还将到达柯伊伯带、日球层顶，甚至太阳系的边界奥尔特云。

（5）在载人探测火星的基础上，未来还将建立火星基地，更广泛深入地对火星进行探测，同时，也为距离更远的深空探测打下基础。待火星基地的规模达到一定程度后，还可以开展火星旅游，扩大人类活动的空间。在地球上，探测南北极以前是少数科学家和探险者的事，但现在极地旅游已经发展成为一项业务。尽管有人积极参与了极地旅游，我们可以问问这些人，他们准备到南北极定居吗？那些攀登珠峰的人，那些经常到"世界屋脊"进行科学考察的人，他们的目的是为了让人们在那里定居吗？因此，火星移民说是不靠谱的。

（6）载人探测火星会促进广泛的国际合作。登陆火星以及更远的星球，是人类共同的愿望，在新的、更加宏伟的目标指引下，将会促进全世界的和平与发展。

（7）振奋民族精神。除了民族威望，士气对一个国家的发展和繁荣是必不可少的。火星在公众意识中占有特殊的位置：从最近的民意调查和流行文化中可以看出，火星让公众兴奋，尤其是年轻人。火星将是人类的遗产。20世纪60年代，月球是人类迈出的一大步，激发了几代人的远大梦想和伟大事业，同样，载人探索火星也将在我们的有生之年实现。我们有能力把人类送上火星，更重要的是，我们有义务这么做。我们有责任全心全意地迎接这个挑战，激励新一代的年轻人保持好奇心，创造一个更好的未来。我们是火星一代，这是我们的未来。

（8）更深入地了解地球。火星是太阳系中与地球最相似的行星。火星曾经是一个像地球一样温暖湿润的星球，那时火星的大气层比现在厚得多。火星上发生了什么，地球上也会发生同样的事情吗？我们对地球可能发生的情况的分析不能仅仅基于一个数据点——地球的数据点。为了人类在地球上的未来，我们必须把人类放在其他地方，我们必须借助研究火星来了解我们的家园。

当然，载人探测火星不是轻而易举的事，人类要面对许多技术、心理和生理方面的挑战。技术问题我们在后面谈，先说说心理和生理方面的问题。

在载人探测火星的整个过程中，航天员将连续经受星际空间、星际转移、密闭居住生活环境及社会心理因素的影响。主要条件和因素有以下几点。

（1）飞行任务的一般条件：持续时间较长；独立性（自主性）；地球信息沟通的延迟及中断。

（2）星际空间的物理因素：高辐射强度；亚磁环境；陨石危险。

（3）星际转移的动力因素：零重力（微重力）；起飞、着陆和运动的重力加速度变化。

（4）密闭居住生活环境因素：有限的生活空间；大气中存在的有毒物质；微生物繁殖增加；噪声。

（5）社会心理因素：与社会隔绝；脱离正常的地球生活；较重的心理情绪负荷；执行操作责任；组内和组间相互关系。

（6）驻留在火星上的条件：低重力0.38g；高电磁辐射；亚磁环境，伴随相当大的昼夜和季节性温差；低气压；大气中二氧化碳含量高、氧气含量低；沙尘暴、强风；可能遭遇外星生物力学方面的问题。

上述条件和因素中持续时间较长和独立性（自主性）最为重要。随着飞行任务持续时间的增加，航天员经受的不利生理和心理变化、辐射剂量、危险情况（紧急事件、技术故障、陨石撞击、疾病等）都将增加。

采取的措施及对策有以下几点。

（1）通过地面模拟试验，积累面向长期载人深空探测任务的心理学和精神病学方面的研究数据。近年来中外都开展了面向长期载人深空探测任务的地面模拟实验研究。例如在俄罗斯举行的面向载人探测火星的"火星500"试验，中国面向载人登月及月球基地建设开展的"月宫一号"及"绿航星际"试验，这些试验都是模拟多人长期的载人深空探测任务，其中重要的试验内容就是积累面向长期载人深空探测任务的心理学和精神病学方面的研究数据，满足未来深空探测飞行任务的需求。

（2）对舱内的生保系统精心设计，反复试验，确保高可靠性。同时对极其重要的部件，如氧气生成装置、温控装置、空气净化装置等要有备份。

（3）进行长期自主、隔离飞行任务乘组机动、士气维持方法研究。

（4）进行长期飞行自主心理检测技术研究。

（5）进行长期飞行乘组自主心理支持技术研究。

（6）增强深空通信能力，保证航天员定期与地面家人沟通，以减轻孤独感。

（7）舱内设有接收设备，能定期或不定期接收来自祖国和世界的新闻。

（8）关注航天员的选拔、训练和组织功能。为了使小型群组的航天员能够在深空飞行中连续数月或数年有效地工作和生活，必须高度关注航天员的选拔、训练和组织功能。还需要研究开发出更有效的策略来应对个体、小组和文化方面的问题。

（9）在航天员到达火星表面之前，先通过货运飞船准备好火星车和居住设施。

（10）在航天员到达火星表面之前，利用机器人安装好高性能的对地通信设施，使航天员能看到来自祖国的视频。

2. 国际上的载人探测火星计划

几十年来，载人探测火星一直是空间大国太空计划的重要目标。自 20 世纪 50 年代以来，载人探测火星任务的概念工作就一直在进行，计划中的任务通常从起草之日起 10～30 年进行。载人探测火星任务计划清单显示了多个组织和太空机构在太空探索领域提出的各种任务建议。从科学考察（2～8 名航天员）几周或几年内访问火星，到永久定居火星。21 世纪前 10 年俄罗斯以及美国、欧洲和亚洲的机构都在制订人类火星任务的计划。火星经常是书籍、漫画、小说和电影中探索和定居的目标。但总的来看，目标不太明确，空想比较多。近些年来的载人探测火星任务也是五花八门，私人公司虚张声势，虽然目标说得很具体，但无法实现，主要目的还是做广告。也有在科学方面提出明确目标并制订了具体的计划的，但还从未见行动。

1）俄罗斯的火星探索计划

俄罗斯能源火箭航天公司早在 1960 年就启动了载人星际飞行任务的相关项目，主要工程方案是采用电推进装置实现星际飞行。载人星际飞行器在到达火星后，将进入火星轨道，5 个升降舱将登陆火星表面。其中一个升降舱搭载 3 名航天员，降落后，这些升降舱将连接在一起组成可移动的平台，就像一列火车一样。

设想的载人星际飞行器（1960 年）

火星表面的"火车"（1960 年）

在完成研究任务后，航天员将乘坐升降舱返回星际组合体并开始返回地球。1969 年，该计划被修改。核反应堆的功率提高了；同时，为了加强星际组合体的电推进装置在飞往火星途中的发电可靠性，还增加了两个核反应堆。

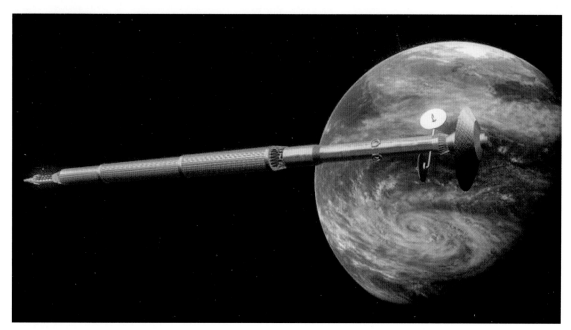

星际组合体想象图（1969 年）

此时设计者已经获知火星大气密度要比预期的低，因此他们将升降舱的个数减少为一个。

航天员乘坐升降舱离开火星（1969 年）

1987 年，星际组合体的构型再次被修改，采用两个独立的推进装置替代原有的单个核反应堆的电推进装置，每个装置都有 3 个核反应堆。

带有两个独立的推进装置的星际组合体想象图（1987 年）

1988 年，薄膜光电转换装置被太阳电池阵取代，这样，推进装置设计成多舱结构。

在接下来的数年中，载人星际飞行计划随着太阳电池阵展开技术的完善和简化而不断改进和升级。在载人星际飞行计划的技术研究阶段，俄罗斯在礼炮号空间站、和平号空间站上开展了大量的工作来检验载人星际飞行任务技术。

2）NASA 设计参考任务

NASA 设计参考任务（DRM）是指 NASA 对载人火星任务的一系列概念设计研究。设计参考体系结构（DRA），指的是任务和支持基础设施的整个序列。这些是参考基线研究，总结了当前的技术和可能的人类火星任务方法，而不是实际的任务计划。根据 NASA 的说法，设计参考任务"反映了正在进行的工作的'快照'，以支持未来人类对火星表面的探索计划。"设计参考任务用于技术贸易研究，分析不同方法对人类火星任务的影响。

第一个设计参考任务（DRM 1.0）是 NASA 于 1993 年 5 月在空间探索计划的支持下完成的，目标是在以前的研究和数据的基础上开发一个"参考任务"。

DRM 1.0 中的居住概念

第二个设计参考任务（DRM2.0）强调降低飞船的质量以减少成本。

第三个设计参考任务（DRM3.0）是 NASA 火星探测小组 1997 年研究的延续，1998 年 6 月发布的报告是对 1997 年研究的补充。其目的是促进对其他方法的进一步思考和发展，它并不代表人类火星任务的最终方法或推荐方法。

第四个设计参考任务（DRM4.0）的目标是改进 DRM 3.0 中存在的弱点，提供进一步的系统设计和概念，并提出降低风险的策略。DRM 4.0 还研究了火星运输系统的核热推进和太阳能电力推进。

第五个设计参考任务（DRM5.0）是在 2009 年完成的。其在 2009 年 7 月添加了一个附录，2014 年 3 月添加了第二个附录。DRM5.0 是截至 2017 年设计参考任务的最新版本。

DRM5.0 的概念

　　NASA 在 2009 年的报告中提出使用战神 5 号运载火箭来发射猎户座太空船的构想。美国前总统奥巴马在 2010 年 4 月 15 日曾在肯尼迪太空中心发表演说，认为美国在 21 世纪 30 年代中期可以将航天员送至火星轨道，随后让航天员登陆火星。美国国会也支持 NASA 新的发展方向，取消美国前总统布什的 2020 年月球探测计划，转而计划在 2025 年进行小行星探测及 21 世纪 30 年代进行火星探测。2015 年 10 月 8 日，美国 NASA 发表登陆火星（Journey to Mars）"三步走"计划：依赖地球（Earth Reliant）、试验场（Proving Ground）、独立于地球（Earth Independent）。

　　2017 年 5 月 9 日，NASA 负责政策和计划事务的副局长格雷格·威廉斯在华盛顿特区举行的"人类登陆火星"峰会上的讲话再一次勾起了人们对这个红色星球的畅想。在 NASA 的宏大计划当中，人类将在 2020 年后开始进行月球轨道飞行；建造"深空门户"空间站并组装"深空运输"飞行器。21 世纪 20—30 年代：建成"深空运输"飞行器，在月球轨道进行为期一年的火星模拟飞行。2030 年之后，开始进行持续的前往火星系统和火星表面的载人长途飞行。

3）SpaceX 的计划

2011 年，SpaceX 的首席执行官马斯克在一次采访中表示他希望在 10~20 年内把人类送上火星。2012 年下半年，他设想了一个人口达数万人的火星殖民地，而其中的殖民者到达火星的时间不早于 2025 年。

2012 年 10 月，马斯克构思了一个高层面的有关建造第二套运载能力远超猎鹰 9 号火箭与重型猎鹰运载火箭的可重复使用火箭系统的计划，而 SpaceX 已经在原先的系统上花费了数十亿美元。这款新运载火箭将会是猎鹰 9 号火箭的"演进"，而且将会比猎鹰 9 号大许多。

2016 年 6 月，马斯克在接受美国《华盛顿邮报》专访时透露了火星探索计划的细节。作为火星探索计划的第一步，SpaceX 计划在 2018 年发射一艘货运飞船前往火星，之后于 2024 年发射载人航天器，并于 2025 年抵达火星。现在看来，这些计划都不可能按期实现。

第四节　突破难关降低风险

目前，国际上还没有一个系统、完整和切实可行的载人探测火星计划。NASA 虽然多次表达了载人探测火星的意愿，并初步设定了登陆火星的目标，但硬件达不到要求，计划变来变去，要在 2033 年实现既定目标令人很难相信。

载人探测火星是一项非常复杂的系统工程，其难度要远远大于当年的阿波罗计划，无论是关键硬件，还是其他环节，难度都超乎人们的想象。

1. 关键硬件

载人探测火星最关键的硬件有三种：超重型运载火箭、新型载人飞船以及火星表面居住设施。

人类载人深空探测已经有阿波罗任务的实践，这个任务的经验是宝贵的，未来的载人探测火星任务可以借鉴阿波罗任务的经验。我们先回顾阿波罗飞船发射及返回的过程。

发射阿波罗飞船的运载火箭是土星 5 号，箭高 111 米，低地球轨道的运载能力约 118 吨，月球轨道的运载能力约 50 吨。正是这种火箭，使美国实现了载人登月的目标。

载人飞船是众所周知的阿波罗飞船,该飞船由三部分组成:指令舱、服务舱和登月舱。整个飞船长 12 米,直径 0.66 米,重 4.2 吨。能够承载 3 人的指令舱、服务舱用于在地球轨道上、地球与月球之间,以及在月球轨道上飞行,并能返回地球。

指令舱是阿波罗飞船的主要控制中心以及 3 名航天员的生活住处。其包含加压的主船员舱、航天员的卧椅、控制仪表板、光学电子导航系统、通信系统、环境控制系统、电池、防热盾、反推力系统、前端对接舱口、侧舱门、5 个窗口以及降落伞回收系统。指令舱是阿波罗飞船及土星 5 号运载火箭中唯一完好返回地球的部分。

未加压的服务舱包含一个主要的服务推进引擎以及进出月球轨道所需的推进器、一个能进行姿态控制及平移能力的反推力系统、含有氢氧反应物的燃料槽、发散余热至太空中的散热器,以及一个高增益天线。燃料槽除了含有供人呼吸的氧气外,也产生水供饮用及环境控制。阿波罗 15 号、16 号及 17 号任务的服务舱还带有科学仪器模组。占整个服务舱绝大部分的推进器及主火箭引擎有多次重新启动的功能,使阿波罗飞船能够进出月球轨道以及在往返地球及月球之间进行航线修正。在整个任务期间,服务舱一直都与指令舱相连,直到返回过程中在进入地球大气层之前才被丢弃。

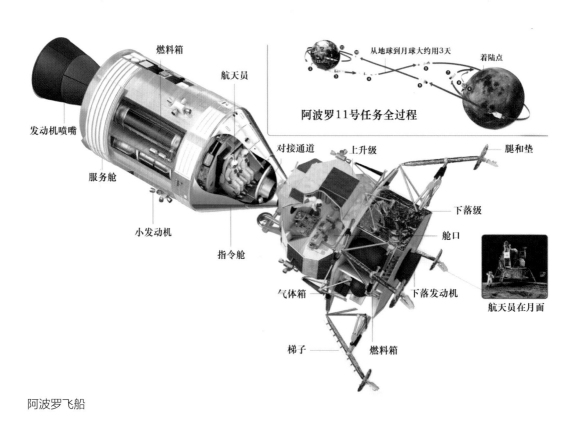

阿波罗飞船

　　登月舱是为登陆月球及返回月球轨道所设计的一个独立的载具，在阿波罗 15 号、16 号及 17 号任务中，为两名航天员提供了 4 ~ 5 天的维生系统。

阿波罗飞船的指令舱与服务舱

阿波罗飞船的登月舱

当阿波罗飞船进入环月轨道后，指令舱中的 3 名航天员有 2 名进入登月舱，然后登月舱与指令舱分离，奔向月球表面。登月舱由下落级和上升级两部分构成，在登月舱下落过程中，下落级的反冲火箭点火，降低着陆舱的速度。当阿波罗飞船返回时，两名航天员进入上升级，上升级的火箭点火，登月舱进入环绕月球轨道，与指令舱及服务舱交会对接。对接成功后，登月舱与指令舱分离，留在月球轨道。服务舱的发动机点火，飞离月球轨道，进入月 地转移轨道。阿波罗飞船返回到距离地球约 640 千米，服务舱发动机点火制动，离开月—地转移轨道，进入返回地球的进入走廊，随后指令舱与服务舱分离。指令舱在地球大气层中减速，进入低空后弹出三个降落伞，在太平洋夏威夷西岸溅落。

载人探测火星的全过程与阿波罗登月类似，但在一些具体环节上有不同的要求。

先看飞船的结构和要求。探测火星的乘员一般有 4 ~ 6 人，这就要求指令舱要比阿波罗飞船的大。这不仅仅是增加几个人的问题，重要的是去火星的路程遥远，航天员在单程路上就要花费 7 个多月的时间，在这漫漫之路上，人的心理必然发生很大变化。因此，除了安排好航天员的日常起居之外，还要有航天员休闲娱乐的设施以及工作与学习的场所。这样，飞船的整体结构就需要有较大的变化，除了增大指令舱外，应另加类似神舟飞船轨道舱的设施，满足航天员在轨道飞行期间的生活需要。

服务舱是用于轨道修正的，在沿着地 – 火行星际轨道飞行期间，要定期进行轨道修正，确保按预定时间和预定位置切入火星轨道。服务舱所消耗的燃料显然也比登月用得多。另外，还要考虑返回的要求。

对登陆舱的要求更多了。虽然火星有稀薄的大气层，下落时可以利用降落伞减速，但由于火星的引力比月球的大，因此，反冲火箭的功率要求比较大。登陆舱还有上升级，由于火星的引力比月球的大，因此，离开火星表面，进入火星轨道的推力要求比较大。

当上升级与火星轨道的指令舱交会对接后，服务舱的发动机开始点火，给指令舱加速，进入地 – 火行星际轨道，这项操作也需要消耗一些燃料。在到达地球附近后，服务舱还要制动、减速。

目前，NASA 和 SpaceX 都在开发新的载人飞船，其中 NASA 的猎户座飞船将很快投入使用。猎户座飞船的外貌与阿波罗飞船相似，但内部空间比阿波罗飞船大 2.5 倍，最多可容纳 6 名航天员，融入了电脑、电子、维生系统、推进系统及热防护系统等领域的诸多最新技术。同航天飞机比，猎户座的使用成本更加低廉，安全系数提高 10 倍，而且与航天飞机一样可以回收再利用。

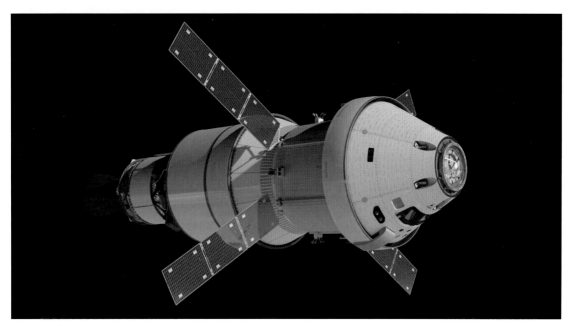

飞行中的猎户座飞船示意图

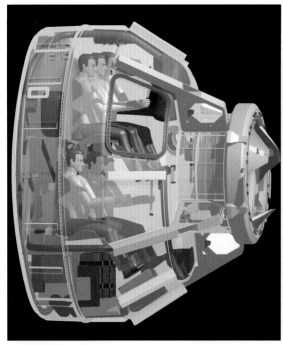

指令舱内部结构示意图

着陆构想图

由 SpaceX 研发的载人龙飞船直径 4 米，长 8.1 米，最多可乘 7 人。

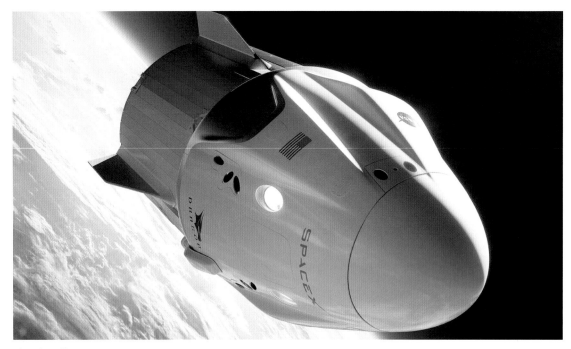

载人龙飞船

即使上述两种飞船投入使用，也不能满足载人探测火星的需要，在飞船系统中还缺少类似神舟飞船轨道舱的设施。目前国外一些机构已经开始研制这类设施，并将其称为"长期深空居住设施"，且已取得了一些成果，包括这类设施的类型、功能、技术、材料、地基测试方法等。下面给出几种典型的设计方案。

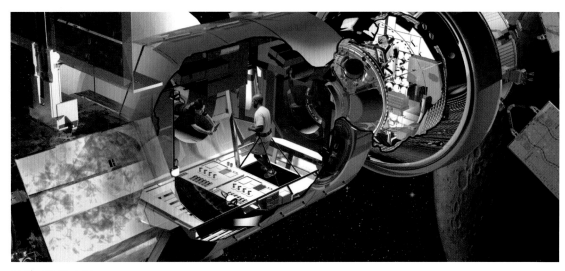

长期居住舱（1）

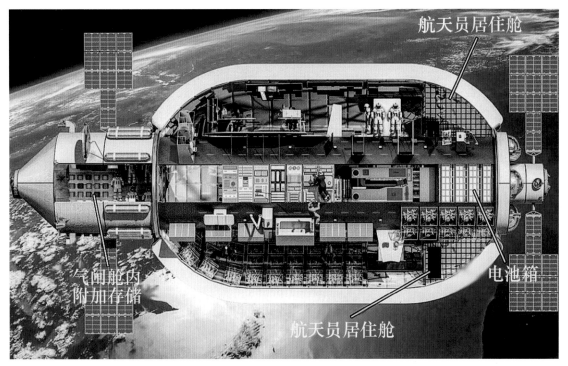

长期居住舱（2）

洛克希德·马丁公司设计的长期深空居住舱

通过上面的介绍可以清楚地看出，载人探测火星的每一个部件，都要比阿波罗飞船的大；每一项重要操作，都要消耗更多的燃料。因此，发射载人探测火星的运载火箭，一定要比土星 5 号大得多。

太空发射系统

　　美国目前正在研制的运载火箭是太空发射系统（SLS），低地球轨道的运载能力为130吨。这样的火箭用于载人探测火星，也是很勉强的。

　　即使有更大运载能力的火箭，发射一次也不能满足要求。当航天员登上火星后，停留的时间要几百天，还要采集样品，在火星表面进行科学考察和科学实验，因此，在航天员到达火星之前，应当由货运飞船将居住舱、实验室、火星车、巨大的太阳能电池阵等运送到火星表面，这就需要提前进行多次发射。

　　目前世界各国的运载火箭都是化学火箭，化学火箭的优点是技术比较成熟，可靠性高；缺点是火箭的燃料所占的体积和质量很大，因此比冲小。比冲是衡量推进剂和发动机性能的重要指标，定义为发动机的推力与单位时间内燃烧的推进剂重量之比，单位一般用秒。比冲越高，火箭的动力越大；速度越快，说明推进剂的效率高，发动机的性能好。一般固体火箭发动机的比冲为250~300秒，液体火箭发动机的比冲为250~500秒。

　　国际上目前也有一些国家和地区在研究核火箭发动机，以核反应堆产生的热量为动力的火箭，称为核热火箭（NTR）。

核火箭发动机反应堆与其他空间研究用反应堆之间存在显著的差异，其中最关键的问题是反应堆的结构问题，因为它需要在氢气环境下工作，承受的高温可达 3 000 K，压力范围从真空到数百大气压。

从长远的角度看，在地球与火星之间"跑长途"的运载火箭，应该采用核热火箭。

目前世界各国研发的核火箭发动机主要有两种类型，即核火箭发动机和核电源推进装置。核火箭发动机在核燃料裂变反应的过程中，释放能量使得工作介质在反应堆中加热至需要的高温，然后工作介质流经喷管膨胀加速喷出，在飞行期间提供推进动力。而核电源推进装置是一种核能发电和推进的装置，可以帮助飞行器实现星际转移，并能产生电能。这种推进装置有两种改进型：一种是双模态核火箭发动机，它是一种经过升级的核火箭发动机方案。在双模态核火箭发动机中，核反应堆将工作介质（氢）加热，为飞行器在太空飞行提供动力，实现推进模式。同时，将能量转换系统的载热工质加热，从而产生电能以满足飞船内设备的需求。另一种是将核电源装置与电火箭推进装置结合成一个系统，产生的电能用于电推进装置。双模态核火箭的中间是氢容器，为核火箭发

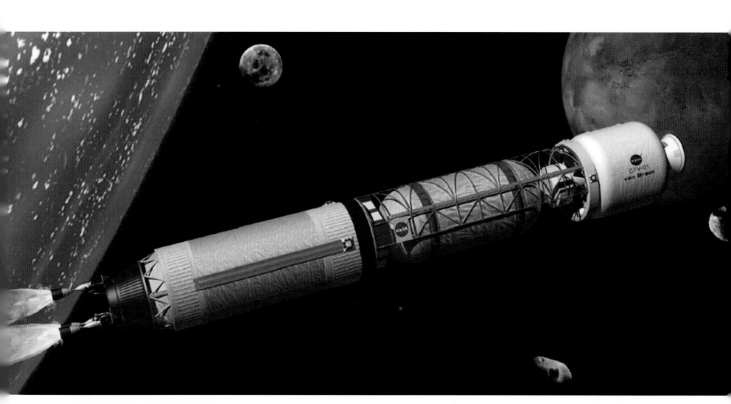

双模态核热火箭飞行示意图

动机提供工作介质。将其放在中间，也是为了用它将核反应堆与载人飞船隔离开来，降低辐射。用于运送机组与运送货物的核火箭结构上略有不同。

　　核热火箭的优点是比冲高，一般在 875～950 秒；缺点是技术还不成熟，有辐射。

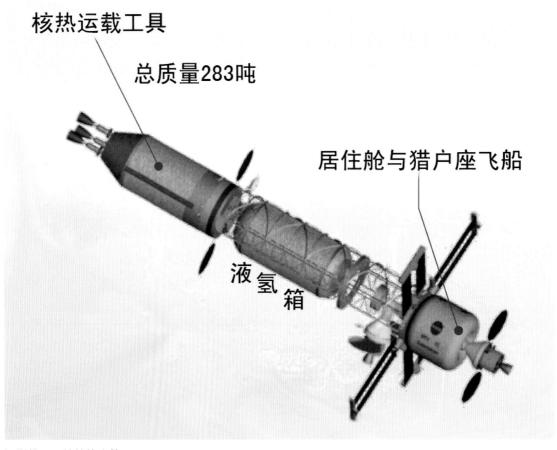

运送航天员的核热火箭

　　DRM5.0 给出一种载人探测火星的设计方案，通过这个方案，可以了解未来载人探测火星的基本思路。

　　载人探测火星整体飞行方案如图所示。按照这个方案的建议，载人探测火星往返用的总时间大约 900 天；发射到低地球轨道的总质量为 825~1 252 吨；载人发射 1 次，货运发射 7~12 次。我们按照图中所标出的顺序逐一加以介绍。

　　（1）发射货运飞船。由于载人登火需要携带大量的设备和给养，因此在机组出发之前大约 26 个月，先发射货运飞船，计划用战神 5 号火箭发射 4 次。战神 5 号火箭的低地球轨道运载能力约 130 吨，货运工具携带的物品主要是在火星上的着陆设备，包括航天员居住舱、火星车、电源设备、生活用品等。

（2）货运飞船的行星际飞行。货运飞船从地球到达火星的时间大约 350 天。

（3）到达火星后，居住舱（40 ~ 50 吨）被火星的引力场捕获，进入环绕火星的椭圆轨道，然后利用火星大气层的阻力作用，不断降低椭圆轨道远地点的高度。居住舱停留在火星轨道上，等待机组的到来。

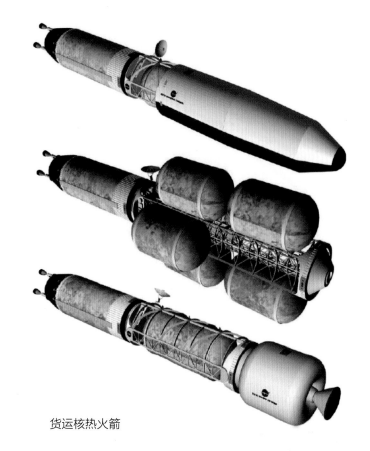

货运核热火箭

（4）着陆舱的上升级执行进入、下落和着陆操作。

（5）上升级在穿过火星大气层时，就地提取火星大气层中的氧气，作为上升级的燃料以及机组呼吸用。

（6）在货运飞船发射 26 个月后，3 艘战神 5 号火箭继续向火星运送设备和给养。

（7）在货运飞船发射 26 个月后，战神 1 号火箭将猎户座飞船（10 吨）送入火星轨道。

（8）在航天员运输工具切入火星轨道后，抛掉液氢箱。

（9）进入星轨道后，猎户座飞船将与先期进入火星轨道的居住舱交会对接。利用猎户座飞船的动力修正系统的调整速度和方向，开始进入火星大气层，执行下落和着陆的操作程序。

（10）航天员和居住着陆舱到达火星表面，航天员将在火星表面停留 500 天左右，开展一系列的科学探索活动，包括采集样品、考察地貌、科学试验等。

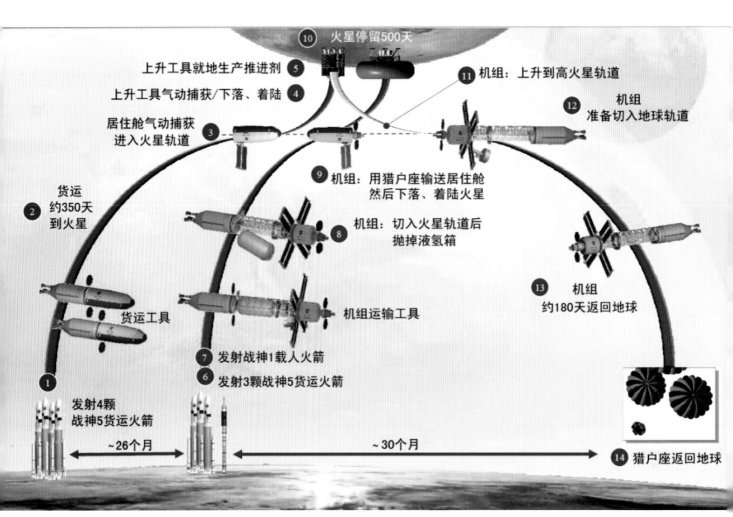

载人探测火星整体飞行方案

　　火星表面的居住与工作设施同样是载人探测火星的关键硬件。我们将在下面分析这些设施的类型和规模。

　　1）生活设施

　　生活设施涉及4～6名航天员日常生活的诸方面，还涉及生命保障系统。

　　目前在国际空间站上，航天员一般是6人，分别居住在俄罗斯、美国、欧洲空间局和日本的4个舱内。由此推算，在火星上航天员的居住设施大小应与这4个舱接近。在国际空间站内，生活用品是由货运飞船定期运送来的，但在火星上，需要就地生产饮用水和氧气。这就要求要有从火星地下冰层中提取饮用水的设施，从火星大气中或者从火星液态水中提取氧气的设施等。

在火星安家

初到火星安家，环境优美如画；

住所造型别致，疑似艺术之家。

2）科学实验设施

在火星表面的科学实验内容与在国际空间站上的是不同的。在国际空间站上主要是利用微重力环境开展在地球表面无法做的科学试验；而在火星表面，主要是分析和研究火星样品的化学结构的科学试验，这就需要高级的科学试验仪器，性能远远高于火星车上所携带的仪器，种类也比较多。

3）电力设施

无论是航天员的生活，还是科学试验，都需要大量的电力，这就需要有规模庞大的太阳能电池阵，或者放射性热电电源。

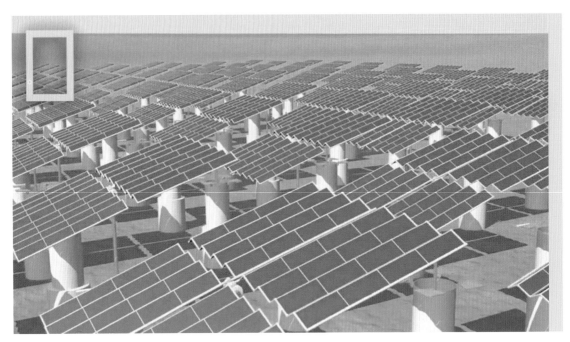

火星表面太阳能电池阵

4）运输系统

运输系统包括有 / 无生命保障系统的火星车。

从以上分析可以看出，开展载人探测火星活动，实际上要与建立初始的火星基地统筹考虑。

载人火星车

2. 其他环节

载人探测火星是一项系统工程，涉及发射、返回、登陆火星、科学试验、生保系统等一系列技术环节。每个环节失败，都会导致整个工程失败，因此要提早对工程进行全面规划和设计论证。前面我们简单地介绍了几个硬件设施，其实还有很多环节是很重要的。如载人登陆舱如何着陆与起飞？火星居住舱应当怎样设计？如何保证航天员的健康，辐射防护？就位资源利用（ISRU）；火星车与月球车有什么区别？如何在火星上开展科学实验？等等。

1）进入、下降和着陆

进入、下降和着陆是我们最大的挑战之一。用于好奇号火星车的革命性的天空吊车着陆系统将不到 1 吨的有效载荷放置在火星表面。可行的载人着陆器最小载荷超过上述载荷一个数量级，它可能需要在一个着陆点着陆多个 20~30 吨的有效载荷。因此，需要一种全新的 EDL 方法。例如，超声速反冲火箭可能是必要的，以提供安全和准确的 EDL。

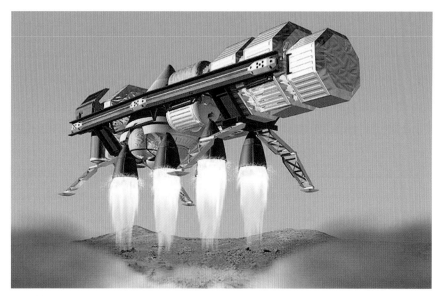

大型着陆器

人称魔鬼七分钟，高速穿过大气层。
而今复杂着陆器，难在落地掌平衡。

2）从火星表面起飞

火星上升飞行器要求将航天员从火星表面运送到火星轨道。由于火星表面的重力加速度是月球表面的 2 倍，因此对相同质量的载荷所需要的推力是月球的 2 倍。另外，由于航天员多，还要携带重要的火星样品，返回路程遥远，时间在 1 年左右，需携带的食物和其他生命保障物品也比较多，这些因素加起来，对起飞发动机的要求就很高。未来的发展方向是通过就位资源利用技术，在火星表面生产火箭推进剂，这还需要零蒸发低温储存技术。

洛克希德·马丁公司设计的火星上升/下降运载器

如此高大火箭，矗立火星表面；
燃料从何而来，取自火星资源。

3）通信和导航

目前，火星车的数据速率约为每秒 200 万比特，使用的是中继器，比如火星勘测轨道飞行器载人探测火星。国际空间站的数据传输速率是每秒 3 亿比特，比火星车的数据速率快了 2 个数量级。未来的载人探测火星任务可能需要高达每秒 10 亿比特的速度，需要激光通信来减轻重量和功率。此外，为了确保精确的轨迹和精确的着陆，需要中继和容错星际网络以及高级的导航能力。

火星通信轨道器

NASA 火星通信轨道器（MTO）是第一个将中继与地球的通信作为基本目标而前往另一颗行星的空间探测器。事实上，它将成为正在不断增长的行星际互联网的一个火星通信中继站。火星车、科学观测站和火星轨道上的飞船都将通过火星通信轨道器与地球通信。它将几乎可以在任何时候都与地球保持通信联系，因为它的轨道距离火星表面相比其他探测器要远 20 倍，这就是说它几乎总是可以直接看到地球。火星通信轨道器将在火星表面上空 5 000 千米的高度上运行。这个计划已经被取消了，如果将来实施载人登陆火星计划，还需要发射类似功能的通信卫星。

　　除了可以在无线电波和微波的频率发送和接收信号，火星通信轨道器还将成为在行星间使用激光通信的先驱。发送和接收信号的激光是近红外光——刚刚超出人眼可见的电磁波频率。信号将穿越数千万千米的太空。尽管光学通信更容易受到云层的影响，但是它们却有可以以微波通信 10 000 倍的带宽传送数据的潜力。

　　NASA 的喷气与推进实验室已经提出了未来深空激光通信网的设想。

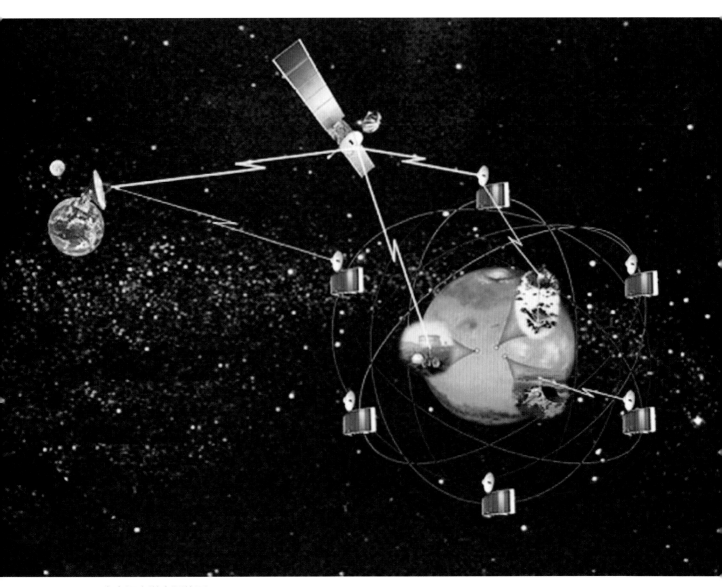

未来深空激光通信网

4）探索舱外活动

在 1/3 重力和较强辐射的环境下，如何进行舱外活动，也是载人探测火星面对的新问题。新的 EVA 舱外活动系统必须在航天员舱外行走期间提供基本的生命需求，提供对恶劣环境的保护，具有舒适性和灵活性，并支持航天员对新世界的探索。EVA 系统将与车辆接口集成并进行测试，如使用低压、高氧环境进行快速、频繁的 EVA，以使有价值的大气气体损失最小。火星沙尘对人类健康的潜在影响也需要彻底了解。

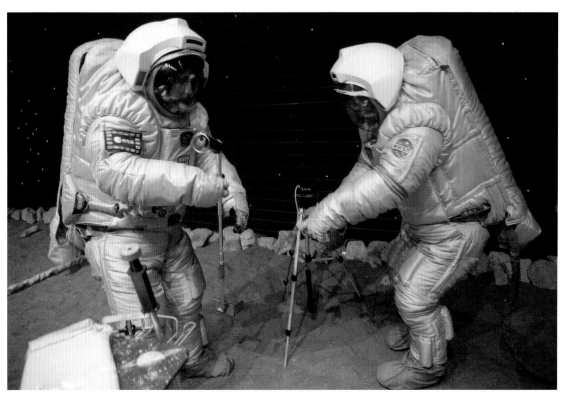

航天员在火星表面科学考察

5）人 机器人和自主任务操作

可持续创新的关键特征是预先放置设备，重复使用基础设施，并依靠机器人的能力来支持人类。机器人系统可以帮助部署系统，提供装配，并支持维修，无论是在航天员在场时还是睡眠时。与航天员一起工作的机器人系统可以提高工作效率，支持舱外活动，对航天员的安全至关重要。

在火星上人机合作

6）就位资源利用

在深空生活和工作几个月或几年可能意味着航天员很少能接触到地球上随时可用于维持生命的元素和关键物资。今天，国际空间站上的航天员定期从地球上接收食物、空气、水、火箭燃料和备件。人类越深入太空，就越需要用当地的材料生产自己的产品，这种做法称为就地资源利用（ISRU）。

利用太阳能是 ISRU 最常见的形式，并且已经在航天器上使用了几十年。例如，自 2000 年 11 月以来，国际空间站配备了大型太阳能阵列，以利用太阳能产生所需的能量，以支持在国际空间站上生活的航天员。

随着人类太空探索向远离地球的更远距离发展，ISRU 将变得越来越重要。补给任务是昂贵的，而且随着航天员越来越独立于地球，持续的探索变得更加可行。对于太空旅行，就像在地球上一样，我们需要的是一种实用的、负担得起的方式来利用沿途的资源，而不是携带我们认为需要的所有东西。未来的航天员将需要收集太空资源并将其转化为可呼吸的空气的能力；饮用水、卫生用水和植物生长用水；火箭推进剂；建筑材料等。当能够利用外星资源创造出有用的产品时，任务能力和净价值将成倍增长。

　　一些最有希望的太空产品包括氧气、水和甲烷，这些产品可以大幅减少人类太空探索的质量、成本和风险。这些产品是维持航天员生存、空间推进和电力系统的至关重要的存在。它们可能来自太空资源，如富含二氧化碳的火星大气和月球、火星及小行星土壤中的水沉积（也称为风化层）。水的沉积和其他有用的挥发物是在中等温度下容易蒸发的物质，目前还没有充分的特征，需要做的工作是了解它们的可及性。因此，NASA 推进 ISRU 的优先事项包括在感兴趣的目的地勘探易挥发的矿藏，以便确定资源潜力，并合理设计开采和利用设备。

　　对于火星上的就地资源利用，美国 NASA 正在进行长期投资，以推动 ISRU 技术在多个领域的发展，其中包括：基于火星大气的资源获取和处理；基于土壤的挥发物资源获取和处理；以土壤为基础的太空制造和建造。

　　NASA 正在开发组件和系统技术，从火星不同区域挖掘水冰层，并将这些资源加工、运输和存储为勘探产品，如氧气、饮用水，以及与火星大气处理器整合后的甲烷。最终目标是推进 ISRU 技术，为载人火星探测任务提供推进剂、燃料电池反应物和生命支持消耗品。

　　NASA 已经开发了将火星上的二氧化碳转化为氧气的技术，并可能为未来的载人火星探测任务提供燃料。NASA 选择了 MOXIE，作为安装在毅力号火星车上的 7 台仪器之一。MOXIE 将收集火星大气中的二氧化碳，然后将二氧化碳分子分解成氧气和一氧化碳。MOXIE 每小时产生 6 ~ 8 克氧气——大约是早期载人火星探测任务所需速度的 1%——有能力扩大到全部任务生产的技术。MOXIE 验证大气 ISRU 过程的能力对载人火星探测有重要意义。

　　航天员到达火星，只是载人探测火星的开始，未来的任务还非常艰巨。航天员需要一边进行科学考察，一边进行基地建设和就地资源利用。如果在 21 世纪 30 年代初人类能够登上火星，在 21 世纪 50 年代初将看到具有相当规模的火星基地。火星不仅是人类探索太阳系的一个重要目标，也将是人类探索更远天体的一个根据地。

	大气层过滤器
	进气导管
	甲烷冷凝器
	甲烷泵
	甲烷软管
	氢气入口
	萨巴蒂尔反应堆
	水电解器
	O_2 泵
	O_2 冷凝器
	CO_2 冷凝器
	CO_2 压缩机

MOXIE

火星大气虽稀薄，二氧化碳含量多；

能制甲烷能造氧，资源利用结硕果。

自动挖掘和处理火星土壤以提取水

使用来自火星大气的二氧化碳和来自火星土壤的水生产氧气和甲烷火箭推进剂

大型机械来火星，资源开发是先锋；

氧气甲烷产量大，载人登火有保证。

火星，我来了

初始火星基地

火星基地虽简单，不愁吃来不愁穿；
生活工作有保证，定叫火星换新颜。

多功能火星基地

回过头来看家园，基地设施已完善。
只等同伴来火星，地球以外做实验。

高级火星基地

火星基地显规模，建筑宏伟设备多；

人机协力探火星，每日都有新成果。

图书在版编目（CIP）数据

火星大揭秘 / 焦维新著 . — 北京：北京理工大学出版社，2021.1
ISBN 978-7-5682-9421-8

Ⅰ.①火… Ⅱ.①焦… Ⅲ.①火星—青少年读物 Ⅳ.① P185.3-49

中国版本图书馆 CIP 数据核字（2020）第 266264 号

出版发行 / 北京理工大学出版社有限责任公司

社　　址 / 北京市海淀区中关村南大街 5 号

邮　　编 / 100081

电　　话 /（010）68914775（总编室）
　　　　　（010）82562903（教材售后服务热线）
　　　　　（010）68948351（其他图书服务热线）

网　　址 / http://www.bitpress.com.cn

经　　销 / 全国各地新华书店

印　　刷 / 雅迪云印（天津）科技有限公司

开　　本 / 889 毫米 ×1194 毫米　1/16

印　　张 / 19.5　　　　　　　　　　　　责任编辑 / 张海丽

字　　数 / 300 千字　　　　　　　　　　文案编辑 / 张海丽

版　　次 / 2021 年 1 月第 1 版　2021 年 1 月第 1 次印刷　　责任校对 / 周瑞红

定　　价 / 78.00 元　　　　　　　　　　责任印制 / 李志强